CULTURE

DE LA

VIGNE EN CHAINTRES,

PAR A. VIAS,

INSTITUTEUR A CHISSAY (LOIR-ET-CHER).

QUATRIÈME ÉDITION.

OUVRAGE HONORÉ DES SOUSCRIPTIONS
DU MINISTRE DE L'AGRICULTURE
ET DU MINISTRE DE L'INSTRUCTION PUBLIQUE.

Hinc omnis largo pubescit vinea fetu.
(VIRG., *Georg.*, liv. II.)

PARIS,
LIBRAIRIE AGRICOLE DE LA MAISON RUSTIQUE,
26, RUE JACOB, 26.

1882.

CULTURE

DE LA

VIGNE EN CHAINTRES.

TYPOGRAPHIE FIRMIN-DIDOT. — MESNIL (EURE).

ÉTIENNE DENIS.

CULTURE

DE LA

VIGNE EN CHAINTRES,

PAR A. VIAS,

INSTITUTEUR A CHISSAY (LOIR-ET-CHER).

QUATRIÈME ÉDITION.

OUVRAGE HONORÉ DES SOUSCRIPTIONS DU MINISTRE
DE L'AGRICULTURE ET DU MINISTRE DE L'INSTRUCTION PUBLIQUE.

Hinc omnis largo pubescit vinea fetu.
(VIRG., *Georg.*, liv. II.)

PARIS,

LIBRAIRIE AGRICOLE DE LA MAISON RUSTIQUE,

26, RUE JACOB, 26.

—

1882.

INTRODUCTION.

La faveur avec laquelle le public viticole a accueilli les différentes éditions de cet opuscule, nous a imposé l'obligation de revoir notre travail et de le modifier sensiblement, surtout en ce qui concerne la direction à donner aux chaintres et la manière de les cultiver.

Aujourd'hui les chaintres sont à peu près connues partout où la vigne est cultivée, et ce qui a contribué à rendre populaire ce système nouveau, c'est, outre ses splendides résultats et la réduction notable de la main-d'œuvre, qu'il paraît appelé à devenir un auxiliaire puissant contre les envahissements du phylloxera.

Le système des chaintres repose sur des principes fondamentaux que l'inventeur a pu ignorer, mais qu'il a devinés et su appliquer.

Voici ces principes :

1° La vigueur, la longévité et la fécondité de la vigne augmentent en raison directe du développement de son arborescence ;

2° La qualité des fruits décroît sensiblement au fur et à mesure de leur élévation au-dessus du niveau du sol;

3° Le revenu du vigneron s'accroît en raison directe des économies qu'il peut réaliser en main-d'œuvre, en engrais, en frais accessoires.

C'est en vertu de ces principes que l'on préconise en ce moment la culture en chaintres, en vue d'arrêter le terrible fléau qui semble se jouer des efforts que fait la science pour mettre un terme à ses dévastations. Nous avons donc cru devoir ajouter à cette nouvelle édition un chapitre sur cet important côté de la question.

Du reste, le mouvement considérable qui se produit vers les chaintres a un intérêt d'autant plus grand que ce mode de culture permettra de reconstituer à peu de frais les vignes détruites, et de remplacer l'ancien par le nouveau vignoble presque sans interruption de récoltes.

« La commune de Chissay, dit M. A. Schmid, deviendra légendaire dans l'histoire de la viticulture française. C'est sur son territoire que fut trouvé par un de ses plus modestes, mais aussi de ses plus habiles vignerons, le système le plus curieux de fructification que l'on ait jusqu'à présent appliqué à la vigne. »

C'est Denis-Lusseaudeau (Étienne) qui a dirigé cette commune dans la voie prospère où nous la trouvons aujourd'hui. Cet homme de bien n'est plus; il nous a quittés le 24 décembre 1880. Nous avons pu le décider, peu de temps auparavant, à nous laisser ses traits, et nous avons cru bien faire de les reproduire en tête de cet ouvrage.

Ne laissons pas passer l'occasion de saluer, au nom du public viticole, la mémoire du vaillant et habile vigneron que nous appelions sympathiquemeut le père Denis. Né simple ouvrier, il arriva par son travail et son intelligence, par la méthode de la vigne en chaintres, à la fortune et à l'honneur, rare parmi les humbles travailleurs, de la décoration.

Honneur à celui qui a su mettre la culture de la vigne à la portée de tout le monde et obtenir le maximum de produit par le système le plus simple et le moins coûteux, qui ne s'est point laissé abattre par les railleries, par les sarcasmes de toutes sortes dont on l'a poursuivi longtemps. Comme ce philosophe de l'antiquité devant qui l'on niait le mouvement, il marche, et le problème est résolu. Honneur à lui, il a bien mérité de son pays et de la viticulture!

Après bien des critiques, nos vignerons ont imité d'abord, puis perfectionné d'une manière remarquable le système des chaintres. Enfin en 1875, M. le ministre de l'agriculture accorda à la commune de Chissay une médaille d'or spéciale pour l'excellence de ses procédés vinicoles.

Quant à l'auteur de ce travail, témoin depuis vingt-cinq ans des prodiges opérés par les vignerons de Chissay, il n'aurait pas eu la témérité de l'entreprendre, s'il n'avait pas reçu les encouragements et le bienveillant appui de M. le comte de Baillon, maire de Chissay. Qu'il lui soit permis de lui en adresser ici l'expression de sa vive gratitude. Il s'est donc fait viticulteur par dévouement et pour vulgariser, au profit de la France, le système de viticulture le plus économique et le plus productif.

L'éminent et regretté docteur Guyot a reconnu le mérite de cette méthode dans ses études sur les vignobles de France et voulut bien nous adresser ses félicitations pour la manière dont nous avions traité le sujet, et pour avoir mis sous les yeux du monde vignoble *un important modèle de viticulture.*

A. VIAS.

Chissay, mars 1882.

CULTURE

DE

LA VIGNE EN CHAINTRES.

HISTORIQUE ET DÉFINITION.

Il y a une cinquantaine d'années fut introduit dans la commune de Chissay (1) un nouveau mode de la culture de la vigne appelé *culture par chaintres* (2), qui consiste à planter des rangs de vignes à 6 mètres de distance l'un de l'autre (fig. 1) et à les cultiver à la charrue.

Ce nouveau mode d'exploitation de la vigne réduit sensiblement les frais de culture tout en doublant la production.

L'élévation toujours croissante du prix de la main-d'œuvre a été la cause principale de ce changement de culture, inventé et appliqué pour la première fois dans cette commune.

(1) Chissay, sur les bords du Cher et sur la ligne de Tours à Vierzon, 1200 habitants. La vigne y est le mode d'exploitation prédominant; elle occupe les huit dixièmes des bras de la commune. Le vin qu'on y récolte est un des premiers crus de la vallée du Cher.

(2) On écrivait d'abord chintres (altération de cintre). Les cultivateurs à la charrue appellent chintre, dans certains pays, le cintre ou la tournière qu'ils tracent au bout d'un sillon pour en reprendre un autre. Nous préférons l'orthographe du docteur Jules Guyot qui traduit chaintres par chaînes traînantes; elle répond mieux, en effet, à l'idée qu'on peut se faire de cette méthode. C'est aussi de cette manière que l'écrit Littré, le savant académicien.

M. le comte de Gourcy, dans ses précieux voyages agricoles, raconte ainsi l'origine de cette invention :

« Denis-Lusseaudeau ayant hérité de son père des terres valent alors un millier d'écus (3,000 francs), comprit que ce qu'il avait de mieux à faire était de les transformer en vignes, mais non à raison de 9 000 ceps

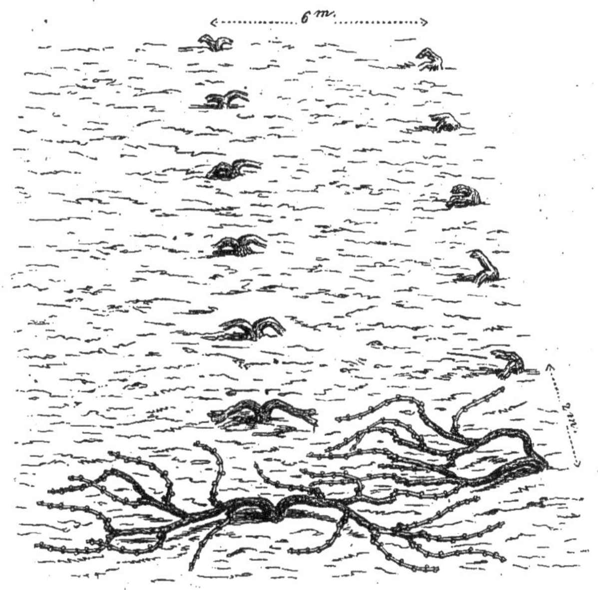

Fig. 1. — Champ de vigne planté en chaintres, à 6 mètres de distance entre les lignes et 2 mètres dans le rang.

à l'hectare et non à cultiver à bras, comme c'est l'usage dans le pays, mais à raison de 400 ceps, mais à cultiver aux trois quarts à la charrue, tout en récoltant, pour vivre, du blé et du fourrage, dans les intervalles des ceps.

« Maître Denis a donc, en conséquence, loué une charrue attelée et a tiré un sillon à 2 mètres du bord d'un de ses champs, tandis que sa femme le suivait, armée d'une gaule de 2 mètres et enfonçait une bouture à chaque longueur de gaule, dans le sillon; puis le mari traçait un second sillon servant à fermer le premier. Ils recommencèrent la même opération à 12 mètres de distance de la première installation, et ainsi de suite, jusqu'à la fin de leur champ.

« M. Denis cultiva ensuite l'entre-deux des lignes de ceps comme des champs ordinaires, sans trop approcher des ceps. A la troisième année, il laissa un mètre de chaque côté des lignes de ceps à cultiver désormais à bras; à la cinquième année, lorsque les ceps furent vigoureux et bien munis de sarments à verges, au lieu de les tenir toujours rangés dans les 2 mètres à leur culture spéciale, il songea à les étaler, aux mois de juin et de juillet, dans les espaces destinés aux cultures de blé, dans une partie, et de prairie artificielle dans l'autre. Ce dernier espace fauché, récolté et labouré à la Saint-Jean, au plus tard, servait à étendre les ceps et leurs verges, supportés par de petites fourches jusqu'après la vendange. La récolte terminée, il rangeait les membres et leurs verges dans la zone de deux mètres de leur culture spéciale, et il semait son froment et sa prairie.

« Presque toutes les vignes de Chissay et des environs sont plantées et conduites à la manière de M. Denis-Lusseaudeau.

« Les vignes ainsi plantées donnent, après cinq ans, au moins autant de vin que les vignes ayant un cep par mètre carré, et donnent, en outre, 37 ares de blé et autant de fourrage par hectare, ne laissant que 25 ares à cultiver à bras. Aussi maître Denis, qui n'a eu en totalité que 5 000 à 6 000 francs d'héritage, possède-t-il aujourd'hui plus de 100 000 francs. Il a récolté sur un hectare planté à sa manière, plus de 40 pièces de vin de 250 litres, vendues 80 francs, soit 3,200 francs de produit sur 25 ares de vignes, et sur les 75 autres ares, 8 hectolitres de blé à 20 francs et 300 bottes de fourrage à 30 francs, soit 250 francs de cultures intercalaires, en tout 3 450 francs par hectare. »

C'était là, sans doute, une bonne, une excellente idée, qui honore celui qui la fit connaître ainsi que le pays qui s'est empressé de l'accueillir. Nous entendons répéter que ce n'est point le génie qui a fait découvrir cette méthode de culture : nous savons que de tout temps les détracteurs et les envieux ont essayé de faire obstacle au mérite. Quel que soit le mobile qui a guidé notre compatriote dans ses essais, il n'est pas moins vrai que l'exemple qu'il a donné porte ses fruits et que, malgré les importantes améliorations dues aux vignerons de Chissay, nous devons une éternelle reconnaissance à celui qui est la cause première de cette production extraordinaire de la vigne dans notre pays, bien qu'il n'aît pas prévu dès l'abord toutes les conséquences de la culture qu'il adoptait. C'est donc là une voie nouvelle ouverte à la viticulture, une admirable invention méconnue d'abord, mais que ses résultats ont su faire apprécier à sa juste valeur. Elle permet à tout homme de cultiver la vigne qui, avec les autres méthodes, est le monopole des vignerons et qui, si elle était appliquée sur un hectare ou deux dans chaque ferme ou métairie de certains pays assez rapprochés de nous, permettrait, sans presque rien prendre aux autres cultures, à chaque métayer, de servir du vin à tout repas et toute l'année, au lieu d'en acheter chèrement une pièce pour la fenaison et la moisson.

Voici comment le docteur Guyot s'exprimait, au sujet de cette culture, dans une lettre insérée le 20 novembre 1865 au *Journal d'agriculture pratique* :

«...... D'ailleurs, nous avons bien d'autres prodiges viticoles, sans compter le système Cazenave et Marcon. J'ai été mis en présence d'une culture inventée par un paysan vigneron, connu sous le nom de père Denis, demeurant à Beaune, commune de Chissay, près Montrichard (Loir-et-Cher). On appelle cette méthode cultiver la vigne *en chaintres*, mot que je traduis : *en chaînes traînantes*. Jamais je n'ai rien vu de plus merveilleux dans sa simplicité sauvage : figurez-vous chaque cep formé de trois à cinq bras, longs de 4 à 6 mètres, traînant à peu près à terre et chaque bras portant trois et quatre branches à fruits de $1^{m},50$ à 2 mètres et jusqu'à 3 mètres de long chacune ; ces branches à fruits sont laissées à peu près de toute leur longueur. Imaginez-vous chacune de ces interminables branches à fruits garnies de magnifiques grappes d'un bout à l'autre, sans interruption, et sans nuance dans la perfection de la maturité ; ces branches sont soulevées au-dessus de terre par de petites fourches de $0^{m},25$, pour que le raisin ne pourrisse pas ; mêlez, par la pensée, des sarments immenses de remplacement, courant entre ces guirlandes de fruits, et vous serez stupéfaits comme moi. Mais quand vous apprendrez, comme je l'ai appris, qu'après la chute des feuilles ou avant la taille, tous ces longs bras sont relevés et renversés sur la chaintre voisine pour laisser toute liberté à la charrue de fonctionner sans embarras, puis remis en place après le labour, vous admirerez la haute intelligence qui a deviné, malgré les pratiques traditionnelles opposées, que la vigne devait croître en liberté, et acquérir sa force et son étendue arborescente pour donner toujours de bons fruits; qu'elle devait toujours ramper sur terre pour perfectionner la maturité (les vins de Chissay sont les plus estimés du Cher, ce sont les côts qui les produisent) ; et que ces deux conditions, à cause de l'élasticité des membres de la vigne, pouvaient se concilier avec la nécessité d'une culture parfaite, prompte et économique; vous admirerez aussi ce brave père Denis, qui a compris qu'avec ces longues branches à fruits il échappait en grande partie aux ravages des gelées printanières. Je serais bien surpris que mon cher et savant confrère le docteur Pigeaux, qui a parcouru l'Inde et la Perse pour en rapporter des graines, des arbres et même des vignes, n'allât pas contempler les vignes de Chissay, comme le plus beau spécimen et comme la plus belle démonstration qu'il ait jamais rencontrée de ses théories peut-être un peu exagérées, mais très certainement bien fondées, sur la taille ou plutôt sur la non-taille des arbres fruitiers. »

Nous avons vu, par ce qui précède, que les intervalles des rangs de ceps étaient cultivés comme d'autres terres avec cette seule différence qu'on ne pouvait les labourer en travers ni les faire pâturer par un troupeau. L'ensemencement se faisait comme s'il n'y avait point eu de vignes, mais on façonnait à la main entre les ceps dans la ligne jusqu'à la quatrième année, époque à laquelle une étendue de $2^{m},50$ environ était attribuée à la culture à bras.

Dès que les ceps étaient devenus productifs, on avait soin, après la moisson, de labourer et de herser le chaume et d'allonger alors les sarments couchés le long des pieds de vigne dans la direction opposée, c'est-à-dire perpendiculairement à la ligne plantée de ceps, et sur la terre qui venait d'être façonnée à la charrue.

Les sarments devaient être supportés par de petits piquets de 0m,30 à 0m,40 de long, pointus par un bout et entaillés par l'autre. Cela les tenait assez élevés pour que les grappes ne se salissent pas, et assez rapprochés pour assurer au fruit sa maturité et au vin sa qualité supérieure. La terre agit alors comme le fait un mur garni d'espaliers. « C'est parce que la vigne en chaintres, dit M. Guyot, a la terre pour réflecteur immédiat, qu'elle l'emporte sur les cultures en treilles pour la qualité des vins. »

Telle était, en principe, la manière d'opérer. Depuis lors une grande amélioration s'est produite et l'inventeur lui-même, ainsi que ses imitateurs, a dû entrer résolument dans la voie du progrès. C'est surtout depuis dix ans que les plus louables efforts ont été faits pour perfectionner cette méthode. Un certain nombre de propriétaires ne se contentent même plus d'adopter cette nouvelle culture pour les plantations à faire, mais ils se décident à arracher trois rangs sur cinq dans leurs vignes plantées à l'ancien usage, ce qui sépare les lignes conservées par un espace de 4 mètres. Voilà ce qui fait l'éloge de l'invention du père Denis. Doit-on s'étonner qu'on agisse autrement quand on vient à comparer les résultats obtenus par les deux systèmes en usage dans notre pays?

Nous allons maintenant examiner successivement, dans les chapitres qui vont suivre, chaque genre d'opérations tel qu'il s'accomplit aujourd'hui.

CHAPITRE PREMIER.

PLANTATION.

La vigne est plantée par boutures en place, avec ou sans vieux bois ; mais la préférence est donnée aux plants enracinés de chevelus de deux et de trois ans de pépinière que la terre recouvre de $0^m,27$ à $0^m,28$. Dans les terrains légers on peut donner un peu plus de profondeur. La plantation se fait par un temps doux et sans que la terre soit trop humide.

Nous avons dit que plus on enfonce les boutures, plus la première récolte est retardée; la profondeur la plus convenable serait, de l'avis des meilleurs viticulteurs, de $0^m,20$. « L'expérience semble établir, dit M. Guyot, que la bouture plantée à $0^m,20$ de profondeur, la terre étant bien tassée autour, un seul œil étant laissé au-dessus du sol, et cet œil étant recouvert de sable, peut être mise à fruit dès la seconde année, mais à coup sûr à la troisième. »

Cela est vrai pour les vignes en plein, mais pour les vignes en chaintres on ne peut pas songer à récolter avant la quatrième année, puisqu'il faut d'abord former la tige, ce qui ne se fait chez nous que la troisième année de plantation.

On plante communément au niveau du sol, en quinconce, sur simple labour et au pic, pour les boutures comme pour les plants enracinés qui sont disposés en augeot — les vignerons disent cassette — de $0^m,50$ de largeur sur $0^m,66$ de longueur (fig. 2).

Mais une manière de planter la chaintre assez suivie et très expéditive, c'est de déposer les boutures ou les chevelus dans le sillon tracé par la charrue, après avoir fait au pic, un trou pour chaque plant. Les frais de plantation en sont diminués d'autant.

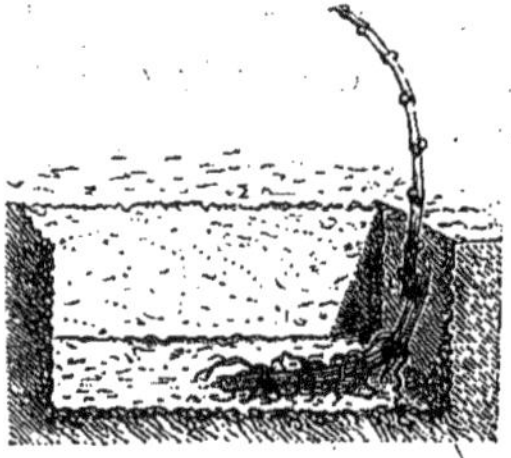

Fig. 2. — Mode de plantation de la vigne à Chissay.

Les plants en boutures ou en chevelus sont coudés sur le sol, relevés verticalement, c'est-à-dire qu'il faut que la partie extérieure du sarment forme angle avec celle qui est en terre, puis la fosse est remplie avec la terre du sol et quelquefois avec addition de fumier. Lorsqu'on plante à la charrue, ce qui ne se pratique plus guère à Chissay, le coude se fait quand même par l'effet du poids de la terre sur le sarment.

On nous a demandé souvent si la plantation sur tranchées avait des chances de réussite : ce procédé peut donner en effet les meilleurs résultats et assure la reprise du jeune plant tout en favorisant son développement d'une manière surprenante.

On ne tasse point vigoureusement, mais on appuie

seulement la terre. Les uns laissent deux nœuds hors de terre, les autres n'en laissent qu'un.

Les boutures prises au bas des sarments sont, à ce qu'on assure, plus lentes à pousser que celles prises plus haut.

Les boutures bien choisies, bien préparées et bien plantées sont, de l'avis des plus habiles viticulteurs, plus hâtives en végétation et plus fructifères la deuxième et la troisième année que les plants enracinés. Le seul inconvénient qu'il y ait à employer les boutures, c'est qu'on ne peut jamais être certain que toutes s'enracineront, et que les ceps en retard regagnent difficilement l'avance prise par les autres.

Nos vignerons ne sont point convaincus de cette vérité démontrée par les faits de la viticulture, et préfèrent toujours le plant enraciné pour leurs plantations. On pourrait dire que dans les terrains secs la plantation se ferait en plants enracinés, et que l'on réserverait la bouture pour les terrains frais. C'est dans ces derniers que l'on conseille de planter sur rigoles de 1 mètre de largeur sur $0^{m},50$ de profondeur, au fond desquelles on aurait placé préalablement des fascines de bruyère ou des ajoncs. Ce mode a l'avantage de fumer et de drainer tout à la fois.

Si l'on veut effectuer la plantation en fossé plus ou moins profond, on aura soin de ne point le garnir de deux rangées de plants, mais d'une seule; autrement les racines seraient bientôt enchevêtrées les unes dans les autres : les fossés seront donc ouverts à 5, 6 ou 7 mètres d'intervalle.

La plantation se fait d'ordinaire l'hiver, sans attendre le printemps; il conviendrait cependant, surtout dans les terrains froids et humides, de ne la faire qu'aux mois de février ou de mars, lorsque les froids rigoureux sont passés et que les boutons des plants ne sont plus exposés à être détruits par les gelées ou altérés par la prolongation des eaux pluviales.

Plantées dans de bonnes conditions, nos vignes commencent à produire à quatre ans; elles sont en plein rapport à leur huitième feuille.

Nous avons vu que l'espèce de cépage employé pour ce genre de culture est le cépage de Cahors, appelé *cót* dans le pays. Disons tout de suite que c'est l'espèce dite à queue verte qui est la plus répandue, celle à queue rouge étant considérée comme improductive. Nous appelons côt rouge, une espèce dégénérée dont le bois et la feuille sont plus rouges que le côt ordinaire, mais dont le fruit dépérit avant la maturité.

Il y a aussi le côt à queue rouge qui est le côt de Bordeaux; il donne abondamment, mais ne mûrit qu'imparfaitement dans notre contrée. Mais le côt n'est pas le seul qui convienne à la culture des chaintres; tous les cépages qui demandent une longue taille, tels que les pineaux, le jurançon, le sauvignon, le picpoule, le périgord, la folle noire, le carmelin, le merlot, le grolot, le cabernet, la carménère du Médoc, la sirrha de l'Hermitage, la mondeuse de Savoie, le petit boutchet, le plussart du Jura, la fouella de Nice, la théoulié de Draguignan, le pecoui-touar que le comte Odart appelle calitor, l'aramon (1) que l'on nomme aussi plant riche,

(1) L'aramon, qui pousse vigoureusement, n'est pas un cépage à taille longue, suivant l'avis de M. Jules Guyot, qui dit que c'est un cépage détestable. Est-ce parce que l'humidité le fait couler? Le docteur n'en dit rien. Le comte Joseph de Rovasenda, de Turin, auteur du *Saggio di ampelografia*, est d'un avis contraire; il a mis à l'essai les différents cépages connus et pense que

le mataro ou morvède, et même la barbera d'Italie, peuvent également être choisis, suivant les localités, pour être dirigés à la manière de Chissay. Il n'en serait pas de même avec les gros gamais, les liverduns, les téret-bouret, les grenaches, les carignans, qui n'y réussiraient pas.

Quant à la nature et à la qualité des vins récoltés, ce sont des vins rouges, très forts en couleur, chargés de tannin et extrêmement recherchés dans le commerce parmi les vins dits du Cher (1).

Le côt, avons-nous dit, donne le meilleur vin de ces vignobles, et joint à cet avantage celui d'exiger une taille très longue; de plus, conduit en chaintres, il n'est jamais atteint par l'oïdium; en treilles, au contraire, il peut en souffrir comme les autres cépages; c'est ce qui explique le choix qu'on en a fait de préférence à tout autre. Aussi l'intelligent viticulteur à qui nous devons ce nouveau genre de conduite de la vigne laissait-il ses sarments pendant trois ou quatre ans sans les retrancher des ceps, temps durant lequel ils s'allongeaient jusqu'à 4 à 5 mètres. Ces ceps avaient alors de 8 à

l'aramon pourrait être conduit en chaintres, mais dans un sol très riche. M. Armand Cazenave, auteur d'une méthode de viticulture fort estimée, croit que la taille en chaintres ne pourrait lui convenir qu'à la condition de laisser des coursons au lieu de verges tout le long de la charpente du cep. Ce cépage très fertile ne mûrit qu'imparfaitement sous nos climats. Il réussirait très bien dans les contrées méridionales de la France et en Algérie.

(1) Les vignobles les plus renommés de la côte du Cher sont, dans le département de Loir-et-Cher : Thésée, Monthou-sur-Cher, Chissay et Saint-Georges-sur-Cher; ils sont presque exclusivement peuplés de côt et produisent des vins remarquables par leur corps, leur couleur, leur bon goût et leur alcoolité : ils font partie de la catégorie des vins désignés dans le commerce sous le nom générique de vins du Cher, vins pourvus d'un certain mordant qui les fait rechercher pour remonter les vins faibles et rétablir les vins trop vieux : ils constituent de bons ordinaires. (VICTOR RENDU, *Ampélographie française*.)

10 ans (fig. 3). Depuis longtemps cette pratique a été complètement abandonnée.

On a désiré connaître la direction que nous donnions aux lignes de ceps dans notre culture : Chissay étant un pays accidenté, on plante suivant la pente pour faciliter le labour : aussi avons-nous des bras de chaintres à l'abri comme à l'encontre du vent : mais s'il est possible de choisir la direction, nous dirons que l'orientation la plus convenable pour la vigne, à Chissay, est la direction nord-sud, parce qu'alors les lignes ne s'ombragent pas mutuellement, reçoivent l'insolation est et ouest, et la terre s'échauffe plus facilement, frappée par les rayons du soleil, au milieu du jour. « Je mentionne ici, dit M. Jules Guyot, en parlant des chaintres, que tous les sommets des ceps sont dirigés au nord ou au

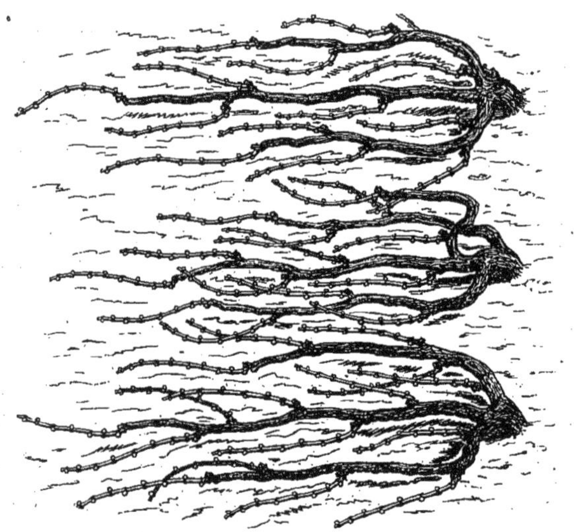

Fig. 3. — Vue de trois chaintres plantés à 2 mètres l'une de l'autre sur simple labour.

nord-est, pour éviter les fâcheux effets des coups de vent du sud-ouest. »

Dans les pays de grands vents, comme sur les bords de la Méditerranée, on ferait bien de conduire les chaintres à un seul bras et de les diriger toutes du même côté.

Mais on n'est pas toujours libre de choisir la direction désirable : le terrain peut s'y opposer et exiger un autre tracé que celui que nous indiquons. On fera bien, dans tous les cas, de s'en rapprocher le plus possible, en exposant du nord à l'est et à l'ouest et non de l'est au sud.

CHAPITRE II.

ESPACEMENT.

On ne saurait donner des règles précises pour l'espacement des lignes entre elles et des ceps dans le rang. Cela dépend beaucoup de la largeur de la pièce de terre que l'on veut planter. Il se rencontre assez souvent des champs dont la largeur est insuffisante pour l'installation de trois lignes de ceps; dans ceux d'une étendue plus considérable et surtout quand il s'agit de créer un vignoble de plusieurs hectares, les rangs sont à égale distance les uns des autres, séparés par un intervalle de 6 mètres, et l'éloignement des ceps sur la ligne est de 2 à 3 mètres (fig. 1). L'espacement recommandé aujourd'hui est de 5 mètres; 4 mètres seraient insuffisants et empêcheraient de tourner facilement avec une charrette, soit pour le transport des bourrées, ajoncs et bruyères employés comme fumure, soit pour l'enlèvement des sarments et de la récolte.

Plus on plante loin et moins on a de main-d'œuvre pour la culture à bras, plus dispendieuse que la culture à la charrue. Les membres sont plus flexibles lorsqu'ils sont plus allongés.

La distance de 6 mètres nous semble trop grande, surtout si le terrain n'est pas très riche. La vigne n'est point un chêne pour qu'on ne cherche pas à limiter sa nature expansive. En outre, plus les membres sont allongés, plus il faut de temps pour obtenir une complète maturité. *Est modus in rebus.*

M. le docteur Guyot, tout en rendant pleine justice à l'inspiration du père Denis et en l'approuvant, ne pouvait admettre la distance de douze mètres entre les lignes ni la valeur relative des cultures intercalaires. Aussi croyait-il préférable de faire les vignes d'un côté avec les rangs à six mètres, et les céréales et fourrages de l'autre.

« C'est ce qui sera fait plus tard, disait-il, pour les vignes en chaintres, comme pour les vignes en jouelles; car il est absolument démontré que les cultures intercalaires font plus de mal à la vigne que le fumier qu'on leur donne ne lui fait de bien. Le voisinage des céréales et des fourrages verts fait couler la vigne en bouton et en fleur, tandis que le tapis de verdure et les chevelus portent un préjudice incroyable à ses racines. Les jus même des fruits restants deviennent acides et plats. La vigne veut donc une terre aride et nue à la surface du sol, à de grandes distances si les ceps ont de grandes tiges, et à une distance petite si les ceps ont une petite tige. Or, les chaintres s'étendent de 4 à 6 mètres en tige; il faut donc pour le maximum de leur production 5 à 6 mètres de terres dénudées autour d'elles. »

Les prévisions de l'illustre docteur se sont réalisées; la distance entre les lignes a été réduite de moitié, et, ce qui vaut infiniment mieux, il n'y a plus d'intervalles livrés à d'autres cultures, la vigne occupe seule tout le terrain, du moins après les trois premières années.

Nous avons vu ici plus d'une fois des ceps devenir stériles dans les plantations serrées, parce que l'espace, l'air et le soleil leur faisaient défaut, et de vieilles vignes reprendre une nouvelle vigueur et une fécondité surprenante dès qu'un plus grand intervalle était apporté entre les lignes et entre les ceps.

Dans les environs de Levroux, où l'on a planté en côt ainsi qu'à Chissay, mais en ne laissant que 2 mètres entre les lignes et 1 mètre entre les ceps, ce cépage n'est pas productif; on lui préfère le jurançon ou picpoule. Le côt demande une taille longue, et dans la distance laissée entre les lignes il est difficile d'en étendre les branches; aussi, dit M. de Gourcy, les ceps paraissent chétifs, surtout en les comparant à ceux de Chissay.

L'exubérance de production que l'on remarque dans nos vignes est attribuée en partie à la supériorité de l'aérage, car l'air circule mal dans l'intérieur des vignes garnies généralement par hectare de 20 000 à 40 000 mille ceps enchevêtrés pêle-mêle.

L'expérience nous a démontré que les 800 ceps que contient l'hectare de vigne planté en chaintres rapportent le double des 10 000 ceps de nos vignes pleines dans la même contenance de terrain.

Chissay, pays essentiellement viticole et dont l'étendue territoriale est fort restreinte, voit, chaque année, décroître le nombre de ses terres à blé; la vigne envahit toutes les parties du territoire, chassant devant elle et céréales et fourrages.

Dès qu'une plantation se fait, le propriétaire riverain plante aussitôt, afin de prévenir la dépréciation que causeraient à son champ les racines de la chaintre qui lui est contiguë. Cette installation d'une chaintre limitant une propriété se fait habituellement en ceps plus rapprochés les uns des autres que ceux des lignes centrales.

Ajoutons que, d'après le mode de plantation et avec les espacements indiqués, on peut semer entre les lignes, la première année, du blé; la seconde, de l'avoine et la troisième y planter des pommes de terre. Tel est l'assolement suivi ici; s'il n'est pas riche, il a l'avantage de ne pas beaucoup épuiser le sol qui, nous l'avons dit, n'est plus ensemencé après la troisième année de plantation.

Nous indiquons ce qui se fait communément à Chissay, mais nous n'avons point la pensée de prescrire partout cette manière de faire. On pourrait certainement, dans le Midi, moins arrosé que nos contrées, substituer aux céréales des plantes légumineuses même fourragères, le trèfle, le sainfoin, partout où ils peuvent tenir et la troisième année, pommes de terre ou haricots fortement fumés.

L'avantage de cette culture est donc incontestable, puisque, avec elle, le terrain ne cesse point d'être productif. Aussi, depuis trente ans, toutes les propriétés de la commune, quelles que soient leurs espèces, ont doublé de valeur, et une des causes les plus importantes de cette élévation de prix, ce sont les bénéfices donnés par la viticulture.

CHAPITRE III.

LABOURS.

Le sol a besoin, ainsi que le fait observer M. du Breuil, comme tous les terrains auxquels on demande des récoltes, d'être ouvert à l'action fertilisante des agents atmosphériques. On doit aussi y empêcher le développement de toute espèce de plantes parasites. Enfin, il est utile de le soustraire, autant que possible, à l'action de la sécheresse pendant l'été. Ces divers résultats sont obtenus à l'aide de labours et de binages. Ce sont ces deux opérations qui constituent la culture annuelle du sol dans les vignobles.

La charrue fonctionne aujourd'hui bien plus près des ceps et ne laisse, pour ainsi dire, rien à cultiver à bras.

A la première façon, la charrue commence par tracer un sillon au milieu de l'intervalle des lignes de ceps. A la seconde façon, au contraire, elle ouvre le sol d'abord auprès du rang en rejetant la terre sur la vigne, c'est-à-dire que l'on commence où l'on a fini le premier labour.

Dans les contrées qui s'enherbent trop facilement, on pourrait donner une façon après le second labour, mais avec un autre instrument que la charrue, soit une raclette *ad hoc* pour que les sarments ne puissent être déplacés. Ce travail ne doit pas se faire, si le fruit est déjà avancé, pour éviter l'influence des chaleurs torrides. Tous les sarments doivent être parfaitement relevés pour cette façon, sans quoi, la terre, fraîchement remuée et échauffée par les rayons solaires, brûlerait infailliblement le raisin.

Le sol doit être façonné deux fois par an; la première par un labour de déchaussement, dans le courant de mars, avant la pousse, et la seconde par le labour de rechaussement, en laissant au milieu de chaque rangée un sillon vide qui fait l'office de rigole d'écoulement, lors de la floraison de la vigne, lorsque les gelées ne sont plus à craindre, car une vigne dont le sol a été récemment cultivé gèle plus facilement que celle dont le sol n'a pas été remué. Il serait bien plus avantageux de labourer trois fois, et, dans ce cas, la première aurait lieu après la semaille d'automne et les deux autres aux époques que nous venons d'indiquer.

C'est après le premier labour, alors que les bourgeons ont atteint 3 à 4 centimètres et que les gelées ne sont plus à craindre, qu'il importe de baisser les verges et d'en assujettir l'extrémité sur la terre, au moyen d'une motte posée sur un peu de paille, — deux ou trois brins, — qui entoure cette extrémité des verges.

Après le second labour, quelques-uns pensent qu'il serait bon de donner un hersage pour entretenir la fraîcheur de la terre, la rendre plus meuble, et l'ouvrir par le plus grand nombre de points possible à toutes les influences de l'atmosphère. On se sert à cet effet de la herse Doumée-Pontlevoy, constructeur d'instruments agricoles à Chissay.

Ce remuement est utile à la fructification et contraire à la coulure. On détourne pour cela, ou l'on relève de dessus le terrain occupé, tous les bras des chaintres qui, après quinze ans de plantation, doivent couvrir les 5 ou 6 mètres qui séparent les lignes, pour peu que la terre soit bonne (fig. 3).

M. le comte de Gourcy, dans le dernier volume de ses excursions, paru en 1869, décrit ainsi les opérations relatives au labour : « On donne dans l'année deux ou trois labours au petit scarificateur; pour pouvoir le faire, une ou deux femmes, armées de fourches de bois, jettent les sarments sur la planche voisine de celle qui va être cultivée, et les remettent en place une fois la culture terminée. »

On a donné à M. de Gourcy, sur ce genre de travail, des renseignements erronés. Jamais, à Chissay, il n'a été question pour le détournement et le replacement des bras de la chaintre, avant et après le labour, de l'usage de fourches de bois. Cette opération est faite à la main et le plus souvent par des femmes.

Des viticulteurs étrangers nous ont fait à ce sujet quelques observations et ne pouvaient comprendre que, par ce moyen, on ne jetât pas à terre un grand nombre de bourgeons. Or, il n'en est rien; cette manœuvre s'exécute sans dommage, avec promptitude et facilité dans un moment où la sève de la vigne donne à ses membres la plus grande souplesse.

M. le marquis de Ferrière, grand propriétaire de vignes à Chissay et qui a mis à l'essai un perfectionnement de la culture en chaintres, dit à ce sujet :

« Le bois flexible de la vigne, malgré sa longueur, prête facilement à se laisser détourner et découvre le terrain. Entrent alors et circulent facilement dans ces rangs largement espacés, et la charrue qui se substitue au pic pour la presque totalité des façons, et la charrette qui conduit à pied-d'œuvre, près du cep lui-même, l'amendement et l'engrais. Le travail fait, le bois se replace, et vous restez confondu, vous demandant comment l'œuvre a pu être possible, quand la luxuriante végétation qui se développe a couvert tout le terrain de ses longs et puissants rameaux chargés de fruits et de bois. Plus d'échalas, plus de fils de fer, plus de palissages si onéreux; le cep maintenu près de terre assure au raisin sa maturité, conserve au vin toutes ses qualités, pendant que le développement donné au bois diminue le danger de la coulure et force la mise à fruit. »

Les façons à bras sont réduites à trois. Le marrage ou mise en mottes se fait après la taille; vers le quinze mai, on remarre parfois. La troisième façon se donne à la Saint-Jean, en abaissant les mottes, ce que l'on nomme ici rabattre. Mais avec la culture de la vigne en chaintres le travail complémentaire de la houe à la main est réduit à très peu de chose, grâce à la perfection du labourage, due elle-même aux améliorations récemment introduites dans la fabrication des charrues vigneronnes.

A Chissay, les planches ont disparu pour faire place aux cultures à plat; néanmoins, depuis quelque temps, on voit surtout dans les jeunes plantes, et tous les quatre ans seulement, les rangs de vigne former une planche plus ou moins bombée, pour empêcher les eaux de séjourner trop longtemps au pied des ceps.

Qu'il nous soit permis de mentionner ici l'emploi avantageux que font nos vignerons d'une charrue à régulateur, très légère et d'un prix modéré (50 à 60 francs suivant la force), imaginée et construite par M. Doumée-Pontlevoy, de Chissay.

En voici la description sommaire :

Cet araire est ainsi disposé : soc boulonné en avant, cep en fonte de $0^m,60$ de long, à partir de l'étançon antérieur. Le versoir est courbe; il est en fonte ou en acier et présente une longueur de $0^m,60$; il est fixé sur l'étançon de derrière par une tige de fer qui le maintient à $0^m,28$ d'écartement et fait corps avec l'étançon antérieur. L'âge est raide, parallèle au cep et légèrement recourbé à sa partie inférieure où il reçoit les mancherons. Le coutre est presque droit. Une roue est placée en avant; elle peut s'élever ou s'abaisser, servant ainsi à faire varier le degré de profondeur du labour. On la supprime, si on le préfère, pour tracer le sillon le plus rapproché des rangs de ceps. Une tige en fer mobile dans le sens horizontal, embrasse la vis du régulateur placée à la tête de l'âge, ce qui permet de labourer plus ou moins près des ceps; elle est terminée par le crochet d'attelage correspondant par une chaîne au palonnier.

Un seul cheval est attelé sur cet instrument et laboure un 1/2 hectare par jour dans un vignoble dont les lignes sont placées à 6 mètres d'intervalle. Il peut fonctionner également, en modifiant quelque peu les mancherons, dans les rangs de ceps séparés par un intervalle d'un mètre et donne un travail assez parfait pour pouvoir se passer des instruments à main. Le mode d'attelage de cette charrue, comme celui de la herse, est spécial pour les vignes et fort apprécié par nos vignerons.

Les viticulteurs intelligents s'accordent à dire que la culture à la charrue remue mieux la terre qu'on ne le fait habituellement à la houe, et que les radicules des ceps périssant tous les ans, il n'y a pas grand inconvénient à labourer profondément l'intervalle des lignes; néanmoins la profondeur de ces labours doit être telle qu'on ne puisse atteindre, en les pratiquant, les racines principales des ceps.

C'est donc une grande amélioration et un progrès réel que la culture des vignes à la charrue. Il est incontestable qu'il y a économie de temps et d'argent, outre que la besogne est mieux faite.

On se sert cependant encore ici de la houe à deux dents pour la culture à la main et particulièrement sur les pentes rapides, inaccessibles à la charrue.

Espérons que bientôt dans les vignes nouvellement plantées et dirigées convenablement, la charrue seule, bien confectionnée, fera toute la besogne et que le pic ne sera plus employé que dans les vignes en foule.

Cependant l'emploi de la charrue pour la culture de la vigne n'est pas chose nouvelle. Ne dit-on pas qu'on se sert encore aujourd'hui, en Provence, d'un araire qui n'est autre que l'instrument introduit jadis par les Romains dans l'antique Narbonnaise, et Virgile, le plus grand poète de l'antiquité, ne donne-t-il pas, au second livre de ses *Géorgiques*, pour la culture de la vigne, des conseils que ne désavoueraient pas les éminents viticulteurs de notre époque? Il nous apprend non seulement que le soc se promenait dans les vignes romaines, mais encore que les jeunes plants étaient déposés dans un léger sillon; qu'on ne devait rien attendre d'une vigne exposée au couchant, et qu'il fallait savoir la débarrasser du luxe infructueux de ses pampres touffus.

Quoi qu'il en soit, « la découverte de la culture en chaintres, dit M. de Ferrière, a ajouté d'une manière considérable à la vitalité de la vigne, non seulement parce qu'en rétablissant des produits nets elle a réintéressé le capital, mais parce qu'elle augmente la puissance de la petite propriété. Le même homme qui, avec son pic, faisait deux à trois hectares de vignes dans l'ancienne culture, par l'adjonction d'un mauvais cheval et d'une faible charrue, en fera facilement dix aujourd'hui; la petite propriété a quintuplé ses forces. »

CHAPITRE IV.

FOURCHINES.

Dans les vignes où l'on ne pratique pas l'échalassement, il faut procéder au relevage qui consiste dans le fichage en terre de petites fourches destinées à soutenir les grappes et à les empêcher de toucher le sol, où elles pourriraient avant d'arriver à maturité.

Le labour terminé, après la floraison, on pose les verges sur de petites fourches de $0^m,30$, à $0^m,40$ appelées fourchines (fig. 4), fourchettes dans le pays; on les entaille au haut bout, si elles ne forment pas la fourche. Il n'y a pas de profondeur arrêtée pour les enfoncer. Mais encore faut-il qu'elles soient assez solides pour que le moindre vent ne puisse les renverser. Il n'est donc pas suffisant, comme on l'a écrit, de les poser simplement sur le sol.

Fig. 4. — Fourchine.

Nous les faisons de tout bois et de toutes grosseurs. Il en faut ordinairement trois par verge; mais lorsque le fruit se dispose à tourner vers sa maturité, il faut avoir soin de placer ces supports où ils sont nécessaires et de remplacer ceux qui manquent, afin que les grappes arrivées à leur développement ne touchent

Fig. 5. — Verge soutenue par deux fourchines après la floraison.

point la terre; car on doit veiller à ce qu'elles ne soient ni souillées ni pourries.

Nous donnons (fig. 6) une verge de vigne en chaintres soutenue par des fourchines, au moment de la maturité du raisin.

Fig. 6. — Verge soutenue par des fourchines, au moment de la maturité du raisin.

L'emploi des fourchines n'est pas nécessaire dans les trois premières années de la plantation de la vigne; mais l'année suivante, celle-ci commençant à produire, il importe de préparer environ 2 400 fourchines. Leur nombre va toujours croissant à mesure que la vigne couvre plus de terrain. Vers la dixième année, la charpente du cep s'est tellement développée et les verges multipliées qu'il ne faut pas moins de 12000 fourchines pour un hectare. Elles ne reviennent pas à plus de 6 francs le mille et leur durée est de trois à cinq ans suivant la qualité du bois employé. La fourniture d'entretien annuel par hectare ne saurait dépasser 20 francs.

L'expérience prouve que les gelées de printemps atteignent plus facilement les bourgeons les plus rapprochés de terre; il est donc important, pour les préserver, de maintenir les sarments à certaine distance du sol, par la pose d'une simple fourchine, sous le cep, assez près de la souche. Si des verges venaient à toucher la terre, on les relèverait en les attachant avec un lien de paille (fig. 7).

Un habile et intelligent viticulteur de ce pays a observé que le couchage des bras de la vigne dans un simple sillon tracé près de la ligne des ceps, suffisait pour combattre l'effet des gelées tardives; mais cette remarque, faite une année seulement et sur quelques verges, a besoin d'être renouvelée et expérimentée sérieusement. Elle aurait cependant une certaine importance mise en regard des excellents résultats obtenus dans l'Aube par une méthode analogue que le *Journal d'agriculture pratique* vient de porter à la connaissance du monde viticole. L'essai en a été fait près de Troyes par M. Rousseau, professeur d'arboriculture, l'un des membres les plus dévoués de la société horticole, vigneronne et forestière de l'Aube.

Voici le procédé de M. Rousseau :

Au moment de tailler le long bois, vulgairement la branche à fruit, on ouvre une petite rigole, profonde de $0^{m},06$, et l'on y enterre le sarment dans toute sa longueur, en ayant soin de laisser hors de terre les deux yeux supérieurs, c'est-à-dire que le sarment a été taillé à deux yeux de plus que la taille ordinaire et ces deux yeux supplémentaires ne sont pas enterrés, le brin étant relevé à son extrémité.

Que va-t-il arriver?

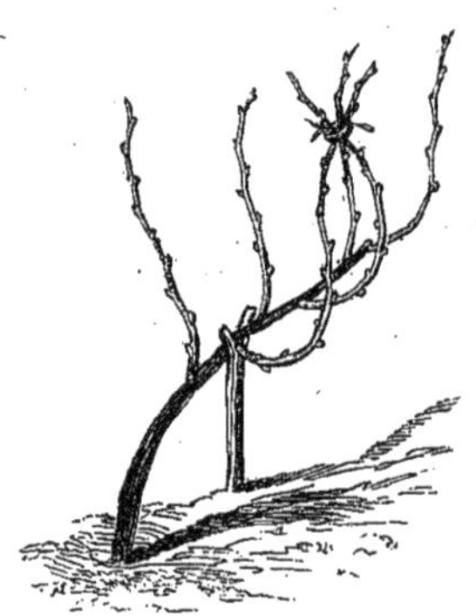

Fig. 7. — Cep relevé par une fourchine lors des gelées du printemps.

Les deux bourgeons supérieurs, favorablement placés, absorberont la première sève et se développeront promptement, ce qui retardera d'autant la végétation des autres bourres qui sont restées sous terre.

S'il gèle, les bourgeons supérieurs seront atteints, tandis que les yeux souterrains seront préservés.

Quoi qu'il arrive, il faudra retirer la branche de la terre une fois la saison des gelées terminée. Si les jeunes scions de l'extrémité sont gelés, on les retranche, sinon, le pincement leur sera appliqué le plus tôt possible, dans le but d'équilibrer la végétation des rameaux du long bois, qui ne tarderont pas à s'allonger et à fructifier.

On voit que le procédé Rousseau est basé sur le sacrifice de quelques bourgeons exposés à toutes les intempéries pour sauver les autres cachés dans la tranchée.

L'époque de l'opération en 1874 a été : 1° l'enterrage, le 20 février ; 2° le déterrage, le 20 mai. L'enterrage a donc lieu pendant le repos de la sève. Toutes les vignes opérées sont couvertes de fruits comme dans les bonnes années.

La conduite de la vigne à Chissay pourrait être parfaitement appropriée à ce procédé de sauvetage s'il est reconnu infaillible par la commission chargée de faire les essais nécessaires pour arriver à une conclusion incontestable ; mais nous préférerions assurément le mode dont nous parlions d'abord comme plus expéditif, plus praticable et moins dispendieux si une plus longue pratique récompensée par le succès nous en avait démontré l'efficacité. « Il ne s'agit pas, dit M. Guyot, de mettre les ceps à l'abri des vents du nord ou de toute autre direction, pour les dérober à l'action de la gelée blanche, car les vents même très froids diminuent le danger au lieu de l'augmenter. Il s'agit d'interposer un corps opaque entre le ciel clair et la plante à préserver. Ce corps s'oppose à la perte du calorique de la plante par rayonnement dans l'espace bleu du ciel, qui ne lui renvoie aucun rayonnement calorique : tandis qu'un corps opaque quelconque, superposé, empêche les rayons caloriques de la plante de se perdre dans l'espace, et renvoie à la plante une somme de rayons à peu près égale à celle que la plante transmet. »

Les sarments placés dans la tranchée ont un certain abri, c'est vrai, mais ils ne sont point complètement couverts et sont trop voisins du sol; double condition pour qu'il s'y dépose une quantité plus considérable de rosée et, si le refroidissement est assez grand, le dépôt de rosée se changera en dépôt de givre ou de gelée blanche, d'autant plus qu'aucune substance ne s'opposant au rayonnement nocturne, rien n'empêchera le refroidissement d'avoir lieu et les bourgeons naissants ne seront point préservés.

On affirmait récemment qu'un moyen infaillible de préserver les ceps de la gelée était de semer des colzas au milieu des vignobles. Cette plante, semée en octobre ou novembre, a acquis au mois de mai une hauteur de plus d'un mètre, elle protège ainsi les bourgeons naissants; puis on coupe les tiges et on sarcle la terre. La souche retardée d'abord se développe avec vigueur. La dépense s'élève au plus à un franc par hectare; les tiges du colza fournissent, d'ailleurs, un excellent engrais. Il paraît qu'avec ce traitement, le terrain ne présente plus trace de vers blancs ou d'autres larves d'insectes, et on se demande si on n'aurait pas là un remède contre le phylloxera.

De tous les moyens de soutènement de la vigne, ainsi que nous l'apprend le docteur Guyot, celui qui fournit un seul échalas par cep est le plus vicieux, parce que le lien ou les liens qui serrent tous les pampres autour privent d'air et de soleil la plupart des feuilles et souvent les fruits; le palissage en ligne est le meilleur...

C'est avant d'avoir vu le vignoble de nos pays que le

savant docteur tenait ce langage; mais quand il eut constaté cette splendide végétation et surtout cette fructification merveilleuse dues au nouveau mode de culture, voici en quels termes il traduisit son opinion :

« Les vignes en chaintres sont le dernier mot de la philosophie de la végétation, de la fécondité et de la longévité de la vigne, dont elles offrent la plus haute expression, avec les treilles dont elles atteignent les dimensions et dont elles ont les bras longs et multipliés; seulement au lieu de porter des coursons comme les treilles à la Thomery, ce sont de longues et nombreuses verges qu'elles portent comme les treilles ou treillons de la Savoie et de l'Isère. En outre, au lieu de s'établir contre des murailles ou d'être soutenues en l'air par des treillages dispendieux d'établissement et d'entretien, elles s'étalent librement sur la terre nue et nettoyée de toute herbe par les labours, hersages et roulages. C'est la terre qui leur sert d'espalier au lieu des murailles, et qui leur réfléchit la chaleur, condition de perfection du fruit bien supérieure à l'isolement dans l'air, comme les treilles et treillons de la Savoie et de l'Isère, comme les treilles sur les arbres ou sur châssis des Hautes et Basses-Pyrénées, d'Évian, de Celles en Dordogne et d'autres pays. »

Les fourchines sont enlevées, chaque année, avant l'hiver et disposées de place en place, par petits tas isolés du sol, à l'aide de quatre échalas formant le carré.

Quelquefois on prend la précaution de les rentrer pour les mettre complètement à l'abri de l'humidité.

Ce dépiquage des fourchines a pour but d'empêcher la partie enterrée de pourrir pendant l'hiver, et de faciliter les opérations de la taille et des labours.

Les fourchines sont donc ici le seul moyen de support des sarments de la vigne. On y voit cependant quelques petits charniers destinés à assujettir plus complètement l'extrémité des longs brins de la chaintre que la violence des vents pourrait jeter à terre, mais la dépense n'en est pas considérable. Nous ne connaissons pas, eu égard aux résultats obtenus, de procédé plus simple et plus économique aussi bien pour les vignerons que pour les propriétaires faisant cultiver par d'autres.

CHAPITRE V.

FUMURE.

La nourriture doit être apportée à chaque cep en raison directe des grappes qu'on en veut obtenir et en raison inverse de la richesse propre du sol.

Il se rencontre parfois d'excellentes terres qui n'ont besoin que de fort peu d'engrais; l'espacement, du reste, que nous mettons entre les ceps, permet de les laisser végéter plus longtemps, sans qu'il soit nécessaire de les activer par de fréquentes fumures. L'espace relativement considérable qui se trouve entre les ceps, tant dans les lignes qu'entre elles, donne aux racines la facilité de s'étendre au loin dans le sous-sol, ce qui fait que ces rangs de vignes, qui emploient environ la cinquième partie du terrain, produisent autant de vin qu'une surface cinq fois plus grande et où les ceps sont placés près les uns des autres, quoique le sol soit peu fumé, tandis que les bons vignerons emploient tous les sept ou huit ans une énorme quantité de fumier pour rendre leurs vignes très productives.

Il suffit, pour la prospérité de nos chaintres, de fumer à raison de 25 à 30 mètres cubes l'hectare. Le fumier valant de 5 à 10 francs le mètre cube, c'est 300 francs au plus qu'exigent les frais de fumure d'un hectare, tous les sept ou huit ans, dans un terrain de qualité ordinaire. Cependant de riches vignerons ne craignent pas de sustenter leurs vignes avec plus de 100 mètres cubes de bon fumier par hectare. Il est difficile de préciser la quantité de fumure qu'il convient d'appliquer au vignoble : cela dépend beaucoup de la richesse du sol et du but qu'on se propose. Si l'on recherche la quantité plutôt que la qualité, on sait que plus la vigne sera fumée, plus elle sera féconde et moins le vin aura de qualité.

Nos vignerons emploient comme fumure des ajoncs et des bruyères qu'ils vont chercher au loin jusque dans le Berry, afin de les payer moins cher. Il leur faut au moins un jour et une nuit pour ramener la charge d'une voiture avec leur petit cheval ou leur baudet (1).

La litière de bruyère est très estimée dans les vignobles des bords du Cher. On se sert aussi de rameaux de sapins, de fagots de menus branchages achetés dans les forêts voisines; cet engrais convient particulièrement aux jeunes vignes. Parmi les végétaux ligneux appliqués comme fumure, ceux qui gardent leurs feuilles doivent être préférés; ces arbrisseaux contiennent beaucoup de potasse, ce qui favorise particulièrement la fertilité des ceps.

(1) Le père Denis ne fumait pas ses chaintres parce que, disait-il, les ceps étant très éloignés les uns des autres, peuvent, sans s'affamer, envoyer leurs racines à une grande distance.

« La vigne étant un arbrisseau vivace, dit M. Guyot, n'a pas besoin d'un engrais décomposé et prêt à favoriser la germination rapide d'une plante annuelle ; elle tire plus d'avantage des engrais les plus durs et les plus lents à se décomposer. »

Généralement la bruyère et les ajoncs sont, avant leur emploi, consommés et désorganisés dans les chemins et les cours, où ils sont pilés et brisés par les bestiaux et les charrettes. Un certain nombre de propriétaires préfèrent néanmoins, et avec raison, les enterrer encore verts, parce qu'alors leur effet est plus durable et la vigne s'en accommode parfaitement. Ce genre de fumure agit à la fois comme fumure et comme drainage.

On sait aussi apprécier l'efficacité des terrassements qui produisent d'excellents effets dans nos vignobles où ils sont employés en très grande quantité. Mentionnons que les terres de marais mêlées à la chaux sont excellentes pour terrer les vignes.

« Une vigne qui a reçu des engrais en rapport avec le sol sur lequel elle végète, écrit M. l'abbé Frandin, donne des résultats doubles et triples. J'emploie de préférence les engrais chimiques, et parmi ces engrais ceux qui contiennent surtout de la potasse, de l'acide phosphorique et de la chaux. Le fumier de ferme n'est pas un des meilleurs engrais pour la vigne et il est de tous le plus cher. »

C'est aussi l'avis de M. Bernard, professeur de sciences à l'École normale spéciale de Cluny, qui déclare que les engrais chimiques sont le salut, parce qu'ils agissent rapidement et diminuent la main-d'œuvre, si chère aujourd'hui.

Le marnage ou le chaulage leur font grand bien ; on peut aussi employer le guano avec succès en en mettant par cep 60 grammes qu'on répand avant la culture.

La fumure complète d'un hectare exige 2000 fagots d'ajoncs qui coûtent 320 francs et le port; mais ils remplacent au moins 100 mètres de fumier, qui coûteraient 500 francs et emploieraient bien plus de charrois.

Lorsqu'on emploie les fumiers de ferme, on les répand sur le terrain comme on le fait sur un champ ordinaire et on les enfouit par un labour.

Dans l'ancienne culture il fallait 800 francs pour la fumure d'un hectare, tous les huit ou dix ans dans les bons fonds, et dans les sols maigres la même quantité tous les quatre ou cinq ans. Dans les vignes plantées en chaintres, cette dépense est superflue et c'est une énorme économie qui résulte, comme nous l'avons dit, de ce que les ceps étant loin les uns des autres, leurs racines ne s'affament nullement, comme cela arrive dans les vignes entièrement complantées.

Il importe de dire que l'on fume les vignes après la chute des feuilles et qu'on procède à ce travail en enfouissant sur un des deux côtés de chaque ligne de ceps, dans des fossés de $0^m,60$ à $0^m,70$ de largeur, ouverts le plus ordinairement à $0^m,45$ du rang (fig. 8), les amendements végétaux et ligneux dont nous avons parlé et qui ajoutent singulièrement aux forces de végétation et de fructification de la vigne. Néanmoins, il est juste d'observer que l'éloignement des fossés de la ligne de ceps est en raison de l'âge de la vigne, c'est-à-dire que plus la vigne est jeune, plus la fumure doit être placée près des lignes; plus au contraire elle est vieille, plus elle en doit être éloignée. Ainsi lorsque la distance entre les lignes est de 6 mètres, après sept années de plantation, et même plus tôt selon la vigueur de la vigne, on répand la fumure au fond d'une rigole ouverte au milieu de l'espace qui sépare chacun des rangs de vigne. C'est encore la meilleure fumure, dit-on, parce que les engrais devant être placés à portée des extrémi-

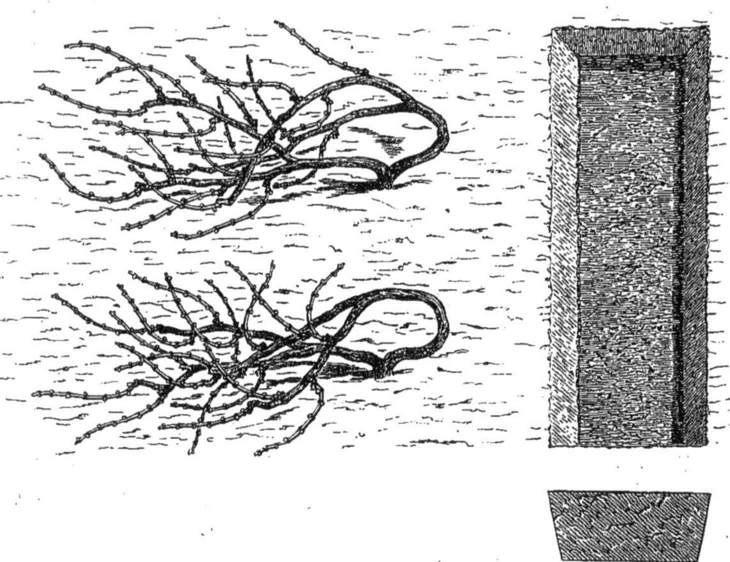

Fig. 8. — Fumure des vignes plantées en chaintres, à Chissay.

tés radiculaires, et les racines de la vigne étant très longues, c'est à une certaine distance des ceps qu'ils doivent être enfouis.

Tous les savants ne sont cependant pas de cette opinion; quelques-uns prétendent, au contraire, qu'il vaut mieux fumer au pied de la vigne. Le *Journal de l'agriculture* publiait, en 1869, sur ce sujet, un article dont nous extrayons ce qui suit :

« Parmi les divers modes d'application des engrais

dans les vignobles, le plus répandu est de déposer la fumure dans un creux pratiqué au pied de chaque souche. On a bien essayé de la placer ailleurs, dans les entre-deux, par exemple, qui règnent sur les lignes d'une souche à une autre et quelquefois dans les intervalles plus étendus qui, dans les vignes au labour, séparent les lignes entre elles. Mais quel que soit le parti que l'on ait suivi, on finit par revenir toujours à la fumure au pied de la vigne. Serait-ce parce que ce dernier procédé est le plus aisé à pratiquer et le moins coûteux en main-d'œuvre ou en engrais? Serait-ce tout simplement l'effet de l'habitude? J'étais à me le demander, quand une nouvelle lumière s'est faite pour moi sur la question, à la lecture d'un mémoire sur la physiologie de la vigne par M. de Vergnette-Lamotte, correspondant de l'Institut.

« L'éminent viticulteur a observé que, chaque année, au mois de mai, immédiatement avant que la vigne entre en fleur, le cep se garnit, à peu de profondeur, de plusieurs groupes de chevelu, en général assez vigoureux. Le chevelu meurt en grande partie à la chute des feuilles. Les radicelles ou fibrilles qui le composent n'ont ainsi que l'existence éphémère de la feuille de la plante, paraissant obéir à une sorte de loi corrélative à la vie des organes de la végétation.

« Le fait physiologique observé et décrit ainsi par M. de Vergnette-Lamotte serait-il bien exact? Par prudence, j'ai dû en vérifier l'existence avant de tirer une induction quelconque. L'examen d'un certain nombre de pieds de vigne, fait à la fin du printemps et à la fin de l'automne, m'a démontré la naissance à la première époque, et la mort à la deuxième, du chevelu dont il s'agit ici. Ayant consulté des auteurs qui ont traité de la physiologie végétale, j'ai vu que la plupart d'entre eux, en parlant du chevelu et des fibrilles des racines, ne leur donnent qu'une existence temporaire. De simples praticiens même en arboriculture, que j'ai interrogés à ce sujet, se sont accordés avec l'opinion des auteurs et avec les observations de M. de Vergnette-Lamotte.

« Ainsi donc un rapport intime lie la sortie et la durée des fibrilles à l'évolution des feuilles et des fruits, et celle-ci doit profiter à proportion de l'abondance et de la vigueur du chevelu qui naît et disparaît avec elle. La fumure au pied de la vigne, là où M. de Vergnette-Lamotte a particulièrement remarqué l'émission d'un chevelu particulier immédiatement avant la mise en fleur, se trouverait justifiée; par suite, la préférence que l'on accorde à ce mode d'emploi de l'engrais serait expliquée dans sa principale cause.

« J'ai voulu néanmoins avoir des preuves par moi-même, et, à cet effet, j'ai dû rechercher si les ceps ou souches fumés à leur pied offriraient à ce point plus de chevelu que des ceps non fumés ou fumés à distance. Le doute n'a pas été permis ; le pied des souches fumées à leur pied s'est montré garni d'une quantité plus considérable de chevelu. La différence a été la même sous le rapport du nombre et du volume des raisins.

« La question se prête à un autre aperçu. Dans un moment où l'on s'attache, fort justement, à rechercher, sous les noms d'engrais spéciaux, les fumures qui, par leur composition élémentaire, correspondent le mieux à la nature de chaque espèce de plante, il ne paraîtra pas inutile de connaître quel doit être pour la vigne l'engrais le plus convenable, soit pour former la charpente des souches, soit pour la production des fruits. Les intéressantes recherches sur la culture de la vigne que M. Persoz, professeur de chimie, a publiées vers 1849, seraient à consulter à cet égard. M. Persoz a démontré, par des faits d'expérimentation directe, qu'il est possible, au moyen d'engrais spéciaux, d'obtenir à volonté de la vigne, d'abord une abondante production de bois, afin de constituer rapidement le sujet, et d'obtenir ensuite de ce dernier une production prépondérante de fruits, Pour la production du bois, il s'est servi d'un mélange composé de 60 0/0 d'os pulvérisé, de 30 0/0 de rognures de peaux, débris de tannerie, corne, sabots, et de 10 0/0 de plâtre. Ces matières, bien mélangées, ont été incorporées au sol jusqu'à une profondeur de 5 à 7 centimètres. La souche étant formée, le raisin a eu son tour. M. Persoz s'est adressé aux matières minérales qui entrent le plus dans sa constitution : ces matières sont des sels de potasse. Il a fait répandre autour du pied des souches, dans un creux, un engrais formé, par voie de mélange, de 75 0/0 de silicate de potasse et de 25 0/0 de phosphate double de potasse et de chaux. Enfin, pour soutenir la production, il conseille de mettre tous les ans également au pied de la souche, le marc de vendange; ce marc contient 25 0/0 de carbonate de potasse.

« Mis en regard du système de M. Persoz, le fait révélé par M. de Vergnette-Lamotte a pris, ce me semble, de l'importance au point de vue spécial de la fumure au pied de la vigne. Mais c'est à des expériences pratiques à dire le dernier mot, et ce mot je l'attends de la part des viticulteurs de bonne volonté, en leur adressant ici une prière en même temps qu'une espérance. »

Pour notre part, nous n'avons point à juger les différents modes d'application des engrais : notre tâche se borne à répandre nos procédés de culture, si féconds dans leurs résultats.

CHAPITRE VI.

TAILLE.

Lorsque la plantation est faite, toutes les boutures doivent être ravalées au sécateur sur l'œil le plus près de la terre. Nous disons au sécateur, quoique nos vignerons emploient presque tous la serpe; mais on tente de remplacer cet instrument par le sécateur tel qu'on l'emploie aux environs de Blois et qui, d'après M. Guyot, doit être préféré à la serpe pour la taille des vignes, malgré l'opinion contraire émise par des vignerons émérites et des professeurs d'arboriculture d'une autorité incontestable. Les vignerons et les professeurs, dit-il, ont raison pour eux, parce que, grâce à leur adresse et à une longue habitude, ils taillent mieux et plus vite avec la serpette qu'avec le sécateur, et qu'ils ne blessent jamais l'arbre ou la vigne, comme cela arrive presque toujours lorsqu'on emploie le sécateur; mais aussitôt qu'on fait tailler la vigne par de nombreux ouvriers et par les premiers venus, le sécateur permet une promptitude et une sûreté de taille que deux ans d'emploi de la serpette ne donnent pas à un ouvrier ordinaire. Quant aux froissements et aux écrasements causés par le sécateur, la vigne est tellement robuste, qu'elle en souffre peu ou point.

En général les têtes de souche reposent pour ainsi dire sur le sol même; car les gelées printanières ne sont guère à redouter ici. Cette disposition a, du reste, un autre avantage, c'est que plus les sarments sont tenus près de terre, moins ils sont attaqués par l'oïdium.

Nous avons dit que depuis quelques années, la culture des chaintres avait reçu d'importantes améliorations et que la charrue fonctionnait jusqu'au pied des ceps. Nous devons ce perfectionnement à la prompti-

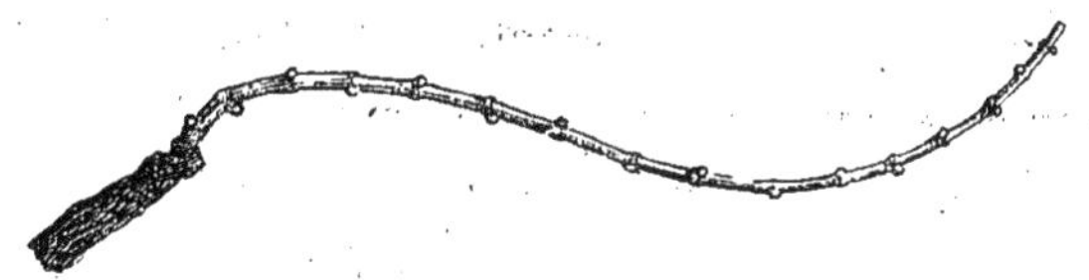

Fig. 9. — Verge après la taille.

tude apportée dans le dressement et la formation définitive de la tige et de la tête de vigne qui aujourd'hui n'est plus formée qu'à 0m,70 à 0m,80, et, chez quelques propriétaires, à 1 mètre de la naissance du cep, de sorte que, après la troisième année de plantation, la tige est faite et la charpente du cep commence à se dessiner.

On appelle former la tête de tige, couronner cette tige de deux, trois ou quatre bras au plus, soit sur terre, soit à 0m,30, 0m,40 ou 0m,60 et plus au-dessus de la terre.

Cette pratique a encore l'avantage d'avancer la bonne production et de faciliter énormément le détournement pour le labourage de tous les bras de la chaintre. Puis le cep se forme sur un ou deux bras principaux par autant de longs bois servant d'abord de verges.

« Sur ces verges, dit M. Guyot, poussent des fruits et des sarments; parmi ces derniers, une verge est choisie en prolongement du bras, et un ou deux coursons sont laissés pour donner des verges latérales (fig. 9) l'année suivante; c'est ainsi que les bras s'allongent successivement jusqu'à 5 à 6 mètres, tout en conservant des points d'où sortent des verges latérales. Ces longs bras peuvent être et sont souvent raccourcis pour être refaits de la même façon. »

C'est là, selon la remarque du docteur, une conduite très rationnelle et très propre à entretenir une grande vigueur et une grande fécondité. « Il ne faut, dit-il encore, qu'ouvrir les yeux pour être convaincu que, moins on laisse d'expansion végétale à la vigne, plus on l'affaiblit, plus on la stérilise, plus on abrège son existence.

« Tout cela est naturel, normal, et dans le développement physiologique de la vigne; plus un arbre grandit, plus il porte d'yeux; plus il pousse de bois, plus il porte de fruits, jusqu'à ce qu'il ait acquis sa limite d'arborescence, relative au sol et au climat. Là, il demeure stationnaire, à l'état adulte, produisant régulièrement les mêmes bois et les mêmes fruits pendant longtemps, pendant des siècles si le terrain est propice. Mais, en quelque lieu que ce soit, la taille la plus généreuse sera toujours plus favorable et plus rémunératrice que la taille la plus restreinte, toutes conditions égales d'ailleurs. »

Le côt a besoin d'être taillé en longues verges, et c'est l'espèce de cépage qui convient le mieux ici, pour ce genre de culture. Nous avons dit que ce n'était pas le seul cependant qui pouvait être choisi.

La vigne est dressée aussitôt qu'elle présente des dispositions convenables dans ses sarments et souvent elle reçoit un tuteur pour la soutenir pendant les premières années. Cette pratique est excellente et devrait être suivie par tous les vignerons; les avantages qu'on en retirerait compenseraient bien ce léger surcroît de dépense et de travail. En effet, lorsque la vigne aura pu donner des jets d'un mètre environ, l'échalas (fig. 10) n'a plus sa raison d'être, et les sarments flexibles et bien constitués prendront sans effort la direction qu'on voudra leur donner; au contraire, si on laissait la tige ramper sur le sol, les bourgeons, tendant à pousser verticalement, prendraient la direction indiquée (fig. 11), au lieu de pousser suivant le prolongement horizontal de cette jeune tige.

La taille de la vigne, à Chissay, commence dès le mois de décembre et se continue jusqu'en février. On cherche principalement, pendant les premières années, à fortifier la souche, afin d'obtenir des jets vigoureux.

Ainsi donc, l'année même de la plantation, on ravale le sarment de manière à ne laisser au-dessus du sol que deux ou trois yeux (fig. 12).

PREMIÈRE TAILLE.

La vigne a un an, et nous supposons qu'elle a été plantée en chevelus. A la taille, on coupera au ras tout ce qui a poussé dans l'année de la plantation, en ne conservant qu'un seul sarment, le plus vigoureux et le plus près de terre que l'on rognera en ne lui laissant qu'un ou deux yeux. Ainsi (fig. 13) on choisira le sarment A qui sera taillé en B. C'est, du reste, ainsi que l'on procède jusqu'à ce que la souche ait assez de vigueur pour lancer des pousses d'un mètre.

Fig. 10. — Jeune cep de vigne muni d'un tuteur.

Fig. 11. — Jeune cep de vigne rampant sur le sol.

Pour l'intelligence de la taille, nous reproduisons chacune des gravures qui représentent les diverses opé-

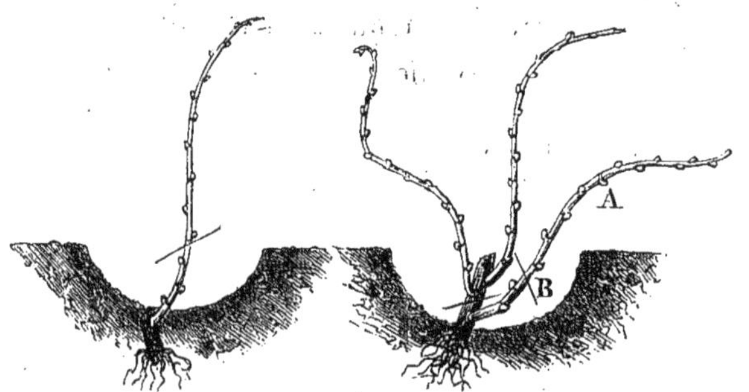

Fig. 12. — Année de plantation. Fig. 13. — 1re taille (2e année).

rations qu'elle nécessite. Nous devons faire remarquer qu'avant de pratiquer la taille, on a l'habitude de dégratter le pied des ceps avec les instruments *ad hoc*, ici en usage, de sorte que, dans les premières années de la plantation, les yeux sortant de la souche, au-dessous du niveau du champ, ne forment point de nodosités sur la tige, comme on serait tenté de le croire, et le sarment de la troisième année paraît réellement sortir de terre lorsque le cep est rechaussé.

DEUXIÈME TAILLE.

On procède au remplacement des pieds manquants par des plants très vigoureux pour maintenir l'égalité des ceps.

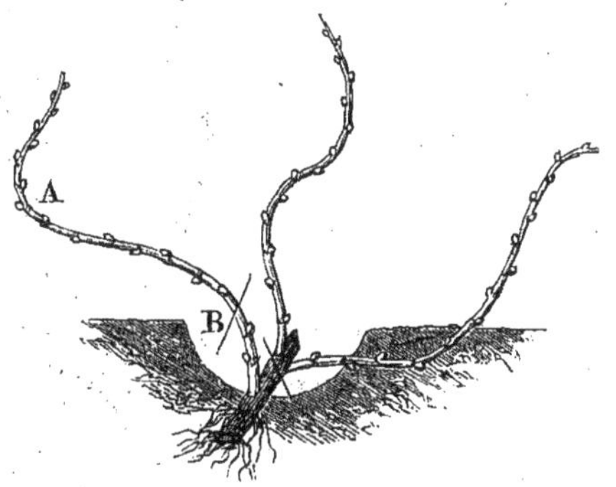

Fig. 14. — 2e taille (3e année).

La vigne a deux ans. Au moment de la taille, on aura soin de ne conserver que le sarment le mieux constitué et le plus rapproché du sol, tel que A (fig. 14) que l'on coupera en B sur deux ou trois yeux. Cette seconde taille n'a donc pas de différence avec la première; elles ont l'une et l'autre pour objet de fortifier le pied avant de lui donner sa tête. C'est le cas, cette année, de faire usage d'un tuteur pour protéger contre les vents les jeunes bourgeons destinés à asseoir la taille de l'année prochaine. Ces bourgeons pousseront d'autant plus vigoureusement qu'on se sera appliqué davantage à supprimer les sous-yeux pendant cette pousse.

TROISIÈME TAILLE.

Comme il est sorti un sarment de chacun des yeux qu'a ménagés la seconde taille, on conservera le sarment le plus fort et le plus près de terre possible, en

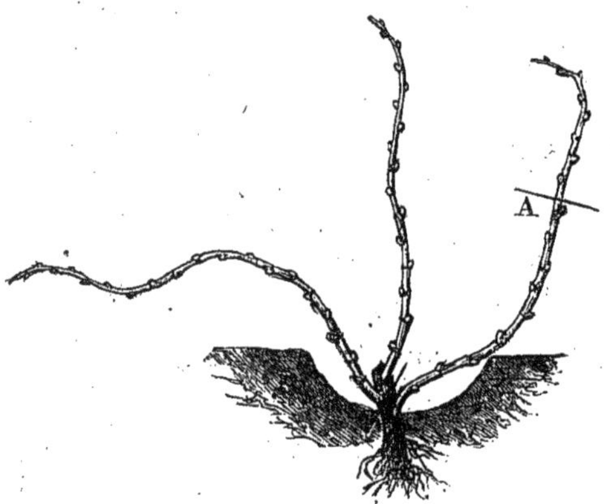

Fig. 15. — 3e taille (4e année).

le rognant à la hauteur d'un mètre (fig. 15) au point A; il serait même préférable que ce sarment surgît du sol, car c'est lui qui est destiné à former la tige du cep, et il importe que cette tige soit exempte de nœuds.

On enlèvera à la main tous les bourgeons, depuis le pied jusqu'à la hauteur de $0^{m},70$ à 1 mètre, en ne laissant que les trois bourgeons supérieurs qui formeront les verges de l'année suivante. Si la vigne n'avait pu donner des sarments de cette longueur, il faudrait tailler comme aux années précédentes.

Lorsque le cep devra être constitué avec deux bras, on n'aura qu'à laisser deux tiges au lieu d'une et la taille sera exactement la même pour chacune.

Quelques vignerons conseillent d'abaisser, dans le courant de mai, suivant les rangs de souches et en l'appuyant sur le sol avec une motte, la verge destinée à devenir la tige du cep, de sorte qu'il ne sera point nécessaire de la déplacer au moment des labours. Ce conseil, mieux apprécié maintenant, est suivi pour toutes les vignes nouvellement plantées; il a l'avantage de faire prendre à la souche cette légère courbure qui fait que, devenu gros, le cep se déplace même au delà de la ligne des rangs pour laisser à la charrue un libre passage. Mais cette pratique ne saurait être de longue durée et ne pourrait plus être suivie lorsque le cep commence à fournir des verges; il convient alors de lui faire prendre sur le champ qu'il est appelé à couvrir, la direction qu'il conservera. Cet abattage des verges sur le sol se fait lorsque les bourgeons ont atteint trois ou quatre centimètres de longueur. C'est alors aussi qu'on peut enlever le tuteur donné à la vigne.

QUATRIÈME TAILLE.

C'est le moment de commencer la formation des bras de la chaintre. Sur cette tige d'un mètre laissée à la dernière taille et qui a été ébourgeonnée jusqu'à la hauteur de $0^{m},70$, on conservera deux ou trois sarments, suivant la vigueur de la vigne, par exemple les sarments A B (fig. 16), et on supprimera l'autre.

La verge de l'année précédente formera la tige du cep, comme la verge extrême prolongera cette tige l'année suivante.

Nous représenterons maintenant, pour plus de clarté, la figure d'un cep avant la taille et du même cep après la taille.

Le résultat de la végétation de la 4e taille sera à l'automne à peu près celui que donne la figure 17.

Il faut aussi ne pas négliger d'enlever, au printemps,

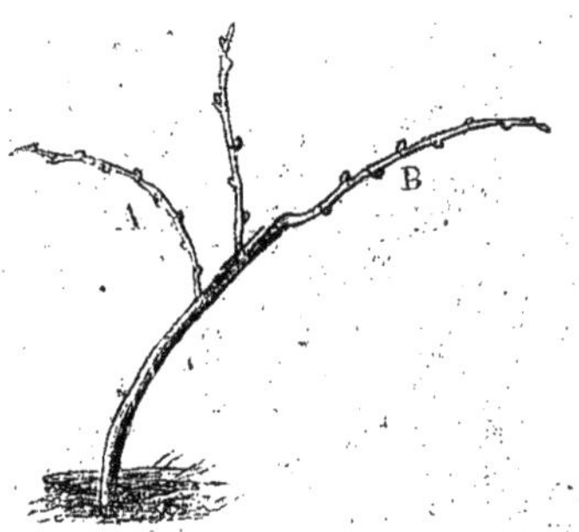

Fig. 16. — 4e taille (5e année).

et plus tard, si cela est nécessaire, tous les gourmands qui poussent au pied des ceps. C'est le seul ébourgeonnage qu'il y ait à faire et il ne se fait, pour ainsi dire, que là.

De chaque souche, écrit M. Duclaud, partent deux bras qui, sur une longueur de 0m,80, sont rigoureusement dépouillés de leurs yeux pendant les premières années, afin de prévenir la formation des nœuds qui enlèveraient aux susdits bras leur souplesse. Il importe, en effet, de pouvoir les manier, tourner et retourner, comme on ferait d'un câble.

En taillant, il faut bien nettoyer la tige du cep et ne

point oublier de couper la verge aux deux tiers de sa longueur, dans les terrains où la végétation est vigoureuse, et ailleurs, de n'enlever qu'une longueur de six nœuds, à partir du sommet de la verge. Ainsi on retranche un tiers de la longueur d'une verge bien poussée; si cette verge ne dépasse pas $1^m,20$ ou $1^m,30$, le retranchement d'un ou deux nœuds suffira parfaitement : la force de la végétation détermine le nombre

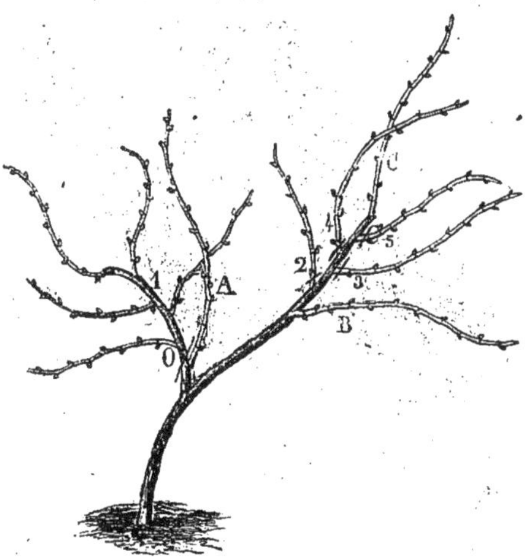

Fig. 17. — 5e taille (6e année). Cep avant la taille.

de nœuds à enlever. M. Cazenave, dans son *Manuel pratique de la culture de la vigne dans la Gironde*, dit avoir vu un nombre considérable de verges de plus de $2^m,50$, et que des vignerons de Chissay soutiennent qu'elles ne doivent pas être rognées, eussent-elles trois mètres de long. Nous n'avons jamais entendu dire cela à des vignerons expérimentés. M. Cazenave s'est sans doute adressé à quelqu'un qui ne connaissait pas la culture des chaintres.

Nous devons mentionner qu'un certain nombre de viticulteurs distingués de ce pays, pour donner aux tiges des ceps plus de flexibilité et moins de résistance quand elles doivent être déplacées, les y disposent dès le principe en leur faisant prendre un pli contraire à la direction qu'ils désirent leur donner. Mais ce procédé est laissé à l'appréciation du praticien.

CINQUIÈME TAILLE.

Nous disions, il y a quelques années, qu'il existait deux modes de taille différents : l'un consistant à allonger la flèche du cep, tout en lui conservant sa même largeur; l'autre, au contraire, donnant au cep une largeur indéterminée, avec des membres latéraux librement écartés et portant plus ou moins de verges. Ce dernier système avait, on le conçoit aisément, le désavantage d'offrir plus de difficultés pour les déplacement qu'exigent les labours; aussi est-il complètement délaissé aujourd'hui.

Nous ne nous occuperons donc que du premier mode comme le plus rationnel, le plus facile à appliquer et le plus avantageux pour la culture.

La récolte serait également riche par la taille à volonté, pourvu qu'on ait soin de ne point laisser de coursons; mais, outre le produit, nous cherchons en même temps la bonne méthode et la plus praticable.

On fera donc tomber la branche n° 1 (fig. 17) en la rognant à la taille comme l'indique le trait O; on supprimera également les verges n°s 2, 3, 4 et 5, en les coupant, à l'aide du sécateur, aux points indiqués, de manière que le cep ne sera plus muni que des trois verges A, B, C, ainsi que le représente la figure 18.

A chaque taille, la longueur à donner aux verges conservées est la même, c'est-à-dire qu'on les laisse entières, moins quelques nœuds supprimés à l'extrémité.

Dans ce système, on ne doit donc point, à l'ébourgeonnage, détruire, sur les verges à conserver, les bour-

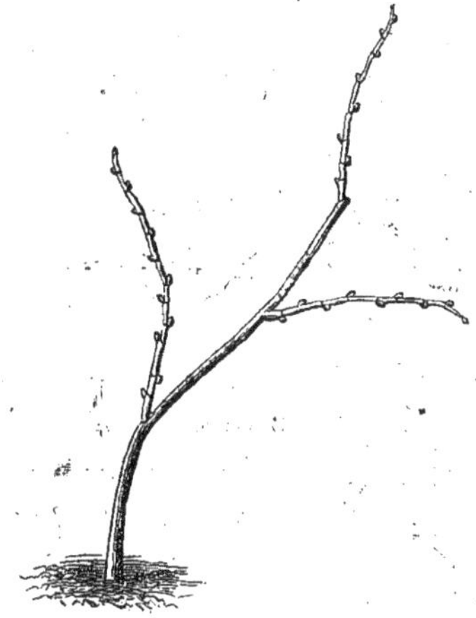

Fig. 18. — 5e taille (6e année). Cep après la taille.

geons les plus rapprochés de la maîtresse branche et qui paraîtront les mieux disposés; s'ils ne sont pas plus productifs, ils donneront une excellente branche à fruit pour l'année suivante.

SIXIÈME TAILLE.

Cette taille diffère peu de la précédente. Ainsi on laissera sur les branches latérales le sarment le plus rapproché du maître brin, comme on l'a dit à la 5e taille; seulement à la partie supérieure du bras principal on pourra laisser un ou deux sarments pour verges, suivant la force du sujet. Ainsi (fig. 19) on coupera aux traits A et B les deux branches latérales, et à la partie supérieure du bras principal on laissera les verges C, D, et on supprimera radicalement les autres, de telle sorte que le cep restera avec quatre verges (fig. 20).

Si, sur une branche latérale quelconque, la verge la

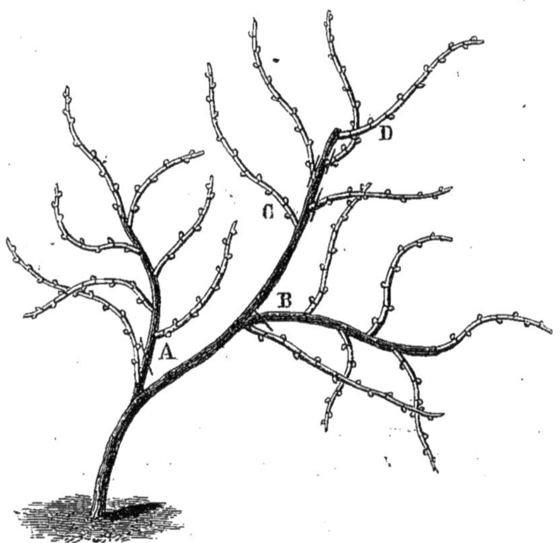

Fig. 19. — 6e taille (7e année). Cep avant la taille.

plus rapprochée de la maîtresse branche se trouvait faible et chétive, il ne faudrait pas la conserver, mais adopter la seconde verge pour remplacer celle de l'année précédente.

Comme cette pratique tend à éloigner plus ou moins, avec les années, toutes les verges d'un cep du bras principal, s'il pousse sur celui-ci un bourgeon bien disposé et peu distant de ces verges, il faudra donc bien

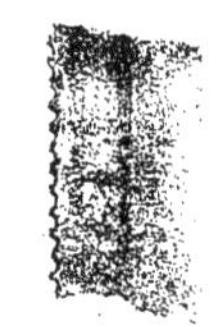

se garder de le détruire : il remplacera avantageusement la verge qui lui est contiguë. De même si la distance entre deux verges était trop considérable, on laisserait pour garnir l'espace découvert le bourgeon qui

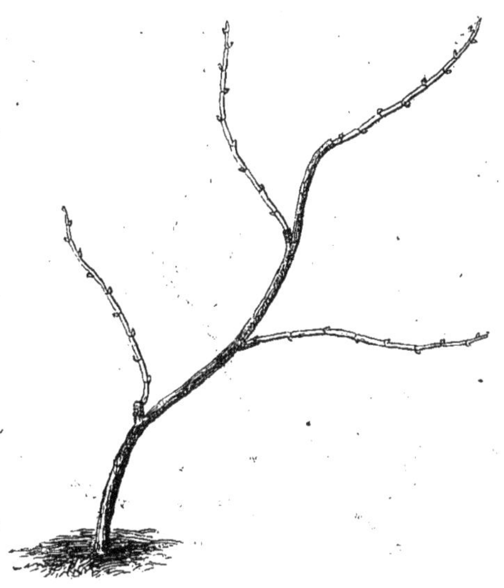

Fig. 21. — 6e taille (7e année). Cep après la taille.

viendrait à surgir dans l'intervalle en le rognant à deux ou trois yeux.

SEPTIÈME TAILLE.

La septième taille est semblable aux précédentes, c'est-à-dire qu'il faut conserver toujours à chaque rameau le sarment le plus près du maître brin. Ainsi, fig. 21, on conservera les sarments A, B, C, D, E et l'on coupera, aux points marqués, les branches et verges à supprimer. La figure 22 représente le cep taillé et la fig. 23 le même cep après la végétation, ainsi que les verges à laisser à la taille suivante.

S'il part du pied du cep deux bras au lieu d'un et qu'on veuille les conserver, on dirigera l'un à droite et l'autre à gauche de la rangée, ou du même côté, si c'est une chaintre de rive.

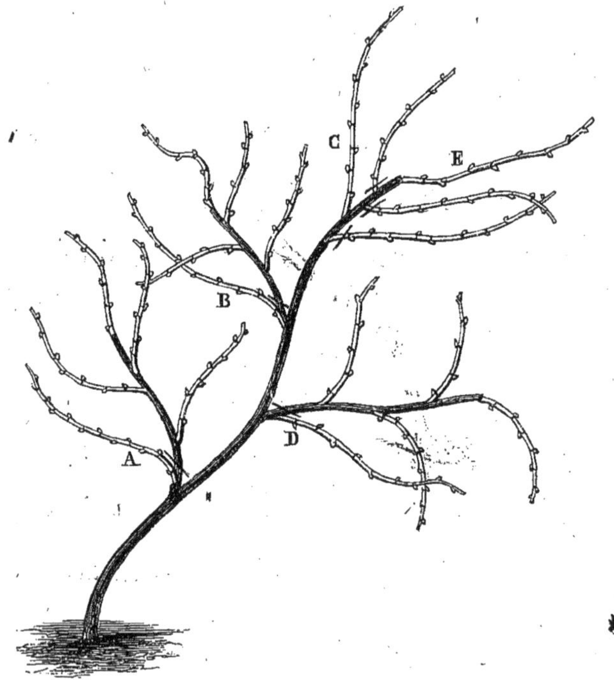

Fig. 21. — 7e taille (8e année). Cep avant la taille.

La vigne étant arrivée à son état de perfection, on opérera toujours ainsi aux tailles subséquentes; il ne reste plus qu'à favoriser l'élongation des rameaux jusqu'à ce que le terrain soit couvert, et à augmenter peu à peu le nombre des verges, de manière, néanmoins, à ne pas entraver la végétation régulière des ceps. A douze ans, lorsque le terrain et l'amendement ajoutent encore à sa vigueur, la vigne est susceptible d'en porter douze à quinze.

Les bras de la chaintre sont donc allongés jusqu'à cinq mètres et au delà; on leur laisse autant que pos-

Fig. 22. — 7e taille (8e année). Cep après la taille.

sible une branche à fruit tous les $0^{m},40$ à $0^{m},50$, et on supprime avec soin tous les bourgeons inutiles avant l'ascension de la sève.

« On conçoit, observe M. le docteur Guyot, que la moitié, le tiers au moins des yeux nombreux de ces verges ne sortent point à la montée de la sève, et que, si les gelées printanières emportent les yeux sortis, les yeux demeurés endormis les remplacent immédiatement en s'emparant de la sève abandonnée; aussi là où cette méthode est pratiquée, les gelées printanières ont-elles très peu d'influence sur la récolte, ce qui est un avantage énorme. »

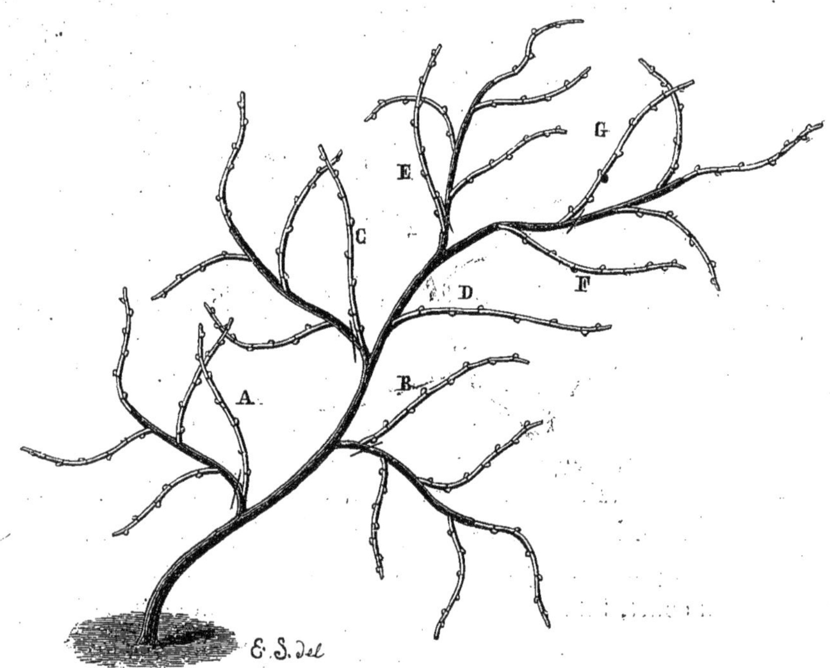

Fig. 23. — 8e taille.

La vigne étant vigoureuse, si l'on est grêlé, il faut tailler sur les bourgeons verts, cela même jusqu'à la fin de juillet; on évitera les funestes effets de la grêle sur le bois de l'année suivante.

Le docteur Guyot donne, au sujet de la taille, des conseils qui peuvent être fort utiles aux vignerons, et que nous croyons bien faire de signaler ici :

« Les personnes qui taillent à un œil, dit-il, ont tort; celles qui laissent deux yeux récoltent généralement le double. On doit conserver aux cépages fins le plus de bois possible; par conséquent il faut laisser une distance suffisante entre les ceps qui s'affament mutuellement quand ils sont trop rapprochés, tout en se privant d'air et de soleil.

« En taillant la vigne, il faut que le sécateur partage en deux l'œil le plus rapproché de ceux que l'on veut conserver; les yeux sont sans moelle : mais quand la moelle est ainsi à jour, on fait périr le morceau de sarment laissé au-dessus de l'œil conservé, ce qui nuit au cep. »

Cette longue taille que nous donnons à la vigne lui convient parfaitement et, bien loin de l'affaiblir, ne fait que la rendre plus fertile et plus vigoureuse. N'a-t-on pas vu, ici et ailleurs, le rappel à une vie énergique de vieilles vignes entièrement épuisées, en leur supprimant la taille courte et en les allongeant en cordons? Le savant Payen ne devait donc pas s'étonner qu'un cep de pineau, parfaitement stérile tant qu'il avait été tenu court, fût devenu tout à coup d'une fertilité remarquable lorsqu'il avait été lâché en treille. Le docteur Guyot dit que M. Becquerel a communiqué un fait semblable à la Société centrale d'agriculture de France : ce savant observateur avait, dans son jardin, plusieurs ceps de pineau noir, conduits à la taille courte et qui ne donnaient jamais rien; il les lâcha en treilles et ils se couvrirent de fruits, non seulement sans s'épuiser, mais encore en augmentant de vigueur.

CHAPITRE VII.

TRANSFORMATION DES VIEILLES VIGNES EN VIGNES EN CHAINTRES.

Nous avons dit, page 17, qu'un certain nombre de propriétaires ne se contentaient pas d'adopter la nouvelle culture pour les plantations de vignes, mais qu'ils se décidaient à arracher trois rangs sur cinq dans leurs vignes plantées à l'ancien usage, surtout lorsque ces vignes venaient à défaillir. Qu'il nous soit permis de donner quelques conseils pour cette opération.

La première année de la transformation, voici ce qui se pratique d'ordinaire : on réduit de moitié le nombre des ceps, c'est-à-dire que, sur quatre rangs, on en supprime deux. Puis, à la première taille, on choisit le sarment ou la verge de l'année la mieux conditionnée et située du côté opposé à la direction qu'on veut lui faire prendre et le plus près du sol possible.

Mais si la tête de souche était trop élevée au-dessus du sol, il vaudrait mieux garder un bourgeon partant du pied ou de la souche pour constituer la charpente nouvelle du cep que de s'en tenir à un brin formant déjà chaintre, mais peu flexible, trop élevé sur la souche et qui ferait craindre un éclat à chaque détournement nécessité par la culture.

On ne devra point oublier qu'il importe toujours d'ébourgeonner la tige du cep jusqu'à la hauteur de $0^{m},70$ environ, si la verge le permet, et de ne laisser que trois ou quatre yeux pour la végétation.

L'année suivante, on taillera comme on l'a dit pour les vignes plantées en chaintres, et on supprimera le reste des ceps destinés à l'éclaircissement.

Cette manière de reconstituer un vignoble a bien son importance dans un temps où le phylloxera tend à ruiner notre pays. C'est ce que pense M. E. Rouyer, ingénieur des arts et manufactures à Saintes.

« La transformation de nos vignes en *vignes en chaintres*, dit-il, nous paraît facile et peu coûteuse : il suffit, pour cela, de receper entre deux terres, et assez bas, un rang sur six, que l'on soignera et éclaircira après la pousse si les ceps sont trop nombreux. De cette façon l'œuf d'hiver (il s'agit ici des vignobles phylloxérés) sera détruit sur ces ceps, et, à leur première pousse, il ne s'en déposera pas encore sur eux, puisque cet œuf n'est jamais déposé sur le bois de l'année. Selon les probabilités, une bonne fumure avec moitié fumier de ferme, moitié engrais minéraux potassiques additionnés de 1/5 de superphosphate de chaux, amènera ces ceps recepés à leur troisième année, sans nécessiter un traitement coûteux pour les défendre contre le phylloxera. A la deuxième pousse, la troisième au plus, on arrachera les deux rangs voisins du rang recepé et l'on continuera, d'année en année, jusqu'à ce que les ceps recepés puissent occuper seuls tout le terrain.

« C'est là de l'hypothèse, mais l'essai en est peu coûteux; et, en présence d'une destruction certaine de nos vignes, il mérite d'être tenté. »

CHAPITRE VIII.

ÉBOURGEONNEMENT. — ÉPAMPREMENT.

Le pincement, qui consiste dans la suppression de la pointe des bourgeons, n'est point pratiqué à Chissay.

Il n'en est pas de même de l'ébourgeonnement, opération importante, qui se fait en fin d'avril, dans les vignes précoces et se renouvelle en juin et même en juillet. Dans les nouvelles vignes, on ébourgeonne dès que la végétation s'élève, puis quand elle a atteint $0^m,10$ à $0^m,15$; enfin on ébourgeonne de nouveau à la fleur. Cette opération, du reste, se fait vite et sans frais, lors des cultures données à la main, et nous avons déjà dit qu'elle n'était effectuée que sur la tige du cep et non pas sur chaque verge jusqu'à $0^m,70$ de sa base. Elle a pour but de maintenir l'intégrité de la souche aussi bien que de la tige et de les décharger d'une végétation inutile et gourmande, au profit des bourgeons supérieurs qui doivent constituer et continuer les bras de la souche.

Dans nos vignes, dont la végétation est très vigoureuse, il est très important de pratiquer l'effeuillage ou l'épamprement aux approches de la maturation. Il est essentiel, dans cette opération qui améliore la qualité du raisin, de n'enlever que les feuilles situées immédiatement au-dessus de la grappe en laissant intactes celles qui lui sont opposées.

« On semble oublier, dit l'auteur de l'*Ampélographie française,* que l'épamprement convient surtout dans les années froides et humides, qu'on ne doit l'effectuer que lorsque le raisin est déjà presque mûr; qu'il importe d'y procéder avec beaucoup de modération dans les sols brûlants où un excès de végétation est rarement à craindre, et que, dans aucun cas, il ne faut enlever le pétiole avec la marge de la feuille, sous peine de priver les bourgeons des sucs nourriciers que lui apporte cet organe protecteur. »

Le rognage qui diffère du pinçage en ce que celui-ci ne supprime que le bourgeon terminal du jeune rameau, tandis que par cette pratique on supprime le quart, le tiers, la moitié d'un pampre tout venu; le rognage, ainsi compris, n'est point usité dans nos pays; mais il arrive souvent que la vigne, fatiguée par les ans et une longue production, a besoin d'être rajeunie. Un cep ancien, rabattu sur la souche, manque rarement de donner des sarments vigoureux qui peuvent servir à lui rendre une seconde jeunesse; c'est cette opération qui entretient et régénère la vigne en reconstituant les bras du cep, que nous nommons recepage.

CHAPITRE IX.

CONDUITE DE LA VIGNE.

La conduite de la vigne, a-t-on dit, est indépendante de la taille; une vigne peut être taillée selon diverses méthodes, sans modifier en rien la forme sous laquelle elle peut être conduite, conformément aux circonstances et aux coutumes locales.

Il y a la conduite en *tête de saule*, la conduite à *cor-*

dons sur pieux et fils de fer, la conduite en *haies* ou en *jouelles*, la conduite en *treilles* à plusieurs bras avec supports.

Le premier mode exige l'emploi des échalas, c'est-à-dire un travail long, coûteux et pénible, et a quelquefois l'inconvénient de ne point faire de place à l'air et au soleil surtout lorsque les sarments sont réunis et liés autour du même échalas.

Le second mode de conduite de la vigne, qui est celui du docteur Guyot, ne proscrit pas les échalas, puisqu'il en faut encore 10 000 grands et 10 000 petits par hectare et 1 050 mètres de fil de fer. Les principes de M. Guyot sont en grande partie ceux des viticulteurs émérites et l'on sait par expérience que sa méthode donne des résultats bien supérieurs à la culture ordinaire. Cependant les vignes en chaintres produisent au moins autant que les vignes palissées et ont l'immense avantage de coûter infiniment moins de plantation et d'entretien.

Écoutons ce que dit à ce sujet M. Duclaud, de Mettray, membre de la Société d'agriculture d'Indre-et-Loire : « Je suis loin de disconvenir que le palissage au fil de fer ne soit éminemment avantageux pour l'insolation, l'aération du raisin, et partant, pour sa maturation. Mais il faut, dans la pratique, établir tout par *Doit* et *Avoir*. Or, le fil de fer, qui ne dispense pas de l'échalas, double et au delà les frais de premier établissement déjà si considérables. La dépense de main-d'œuvre, pour le palissage, est plus que décuplée, chaque sarment devant être lié séparément au fil de fer, tandis que dans les pays où le liage est usité, tous les sarments d'un même cep sont attachés à la fois à l'échalas par un même lien, paille de seigle ou d'avoine, gros jonc à moelle, brin de chanvre, etc.

« Là où la main-d'œuvre est rare, — et où donc n'est-elle pas rare? — il est presque impossible de faire pratiquer en ordre utile le liage au fil de fer à cause du temps qu'il demande.

« Le fil de fer présente d'ailleurs de nombreux inconvénients, dont le détail pourra sembler puéril aux lecteurs qui font de la viticulture les pieds sur les chenets, avec un beau livre à images sur les genoux. Mais celui qui conduit lui-même ses vendangeurs, celui qui surveille ses vignerons, celui qui met la main..... non pas à la pâte, mais à la serpe et au sécateur; celui-là me comprendra, celui-là me donnera raison, et c'est surtout à son approbation que je tiens.

« En général, le vigneron a pour le fil de fer une antipathie profonde et j'ajouterai, sinon légitime, du moins motivée. Veut-il avec son pic débarrasser complètement un cep d'une touffe d'herbe qui l'environne, il ne le peut pas. Le fil de fer l'empêche de contourner avec son outil le pied de vigne; il doit forcément n'exécuter que la moitié de son opération et attendre, pour l'achever, d'avoir attaqué la terre par delà le fil de fer qui lui fait en ce moment obstacle. Veut-il quitter l'ouvrage ou le reprendre, il lui faut faire un trajet fort long à cause des fils de fer qu'il ne peut enjamber.

« Cet inconvénient est plus grave encore à l'époque des vendanges où, la hotte pleine sur le dos, il lui est interdit de couper au plus court pour gagner, soit les chariots qui supportent les cuves, soit le pressoir. Les vendangeurs eux-mêmes, dont le travail est cependant facilité par le palissage, se voient entravés lorsqu'ils veulent apporter leur panier pour le vider ou le faire vider dans la hotte. Il faut forcément que le panier passe de main en main, comme le seau d'eau dans un incendie, qu'il y passe plein, qu'il y repasse vide, et voyez la perte de temps pour les cinq ou six coupeurs chargés d'alimenter une hotte. Je le répète, il ne faut rien négliger dans la pratique, car *il n'y a ni petites choses, ni petites causes.* »

Avec la conduite de la vigne telle qu'on la pratique à Chissay, on ne rencontre aucun des inconvénients qui viennent d'être énumérés.

La conduite en haies ou en jouelles, comme la conduite en treilles qui s'y rapporte, a sans aucun doute de grands avantages : elle permet aussi l'emploi de la charrue et laisse également arriver l'air et le soleil de toutes parts, mais elle nécessite encore l'usage des échalas, ou de pieux et de fils de fer, ou de perches.

Il nous reste à faire connaître les diverses manières de diriger aujourd'hui les bras de la chaintre que primitivement on allongeait sur le terrain dans une direction perpendiculaire à la ligne de ceps. Nos vignerons n'agissaient point encore en vue d'une culture rationnelle, ce qui leur importait avant tout, c'était d'accroître, par tous les moyens possibles, la quantité de leurs produits. Il s'en est rencontré cependant qui, tout en recherchant la production, avaient aussi pour objet la régularité, la précision dans le dressage et la formation du cep, la mise en pratique d'un mode de direction qui faciliterait le détournement, pour le labourage, de ces ceps aux bras longs et multipliés. Nous avons vu alors les ceps des rangs de chaintres étendre leurs bras suivant une oblique assez rapprochée de la rangée de ceps, et pour que la tige conservât mieux sa souplesse et son élasticité, on eut soin de lui donner, du moins pendant les premières années de verges, tantôt une direction, tantôt une autre. Ainsi dans la figure 24 le cep n° 1 pourrait s'étendre dans la direction A B et le cep n° 2, suivant la direction C D et de même pour les autres ceps de la ligne.

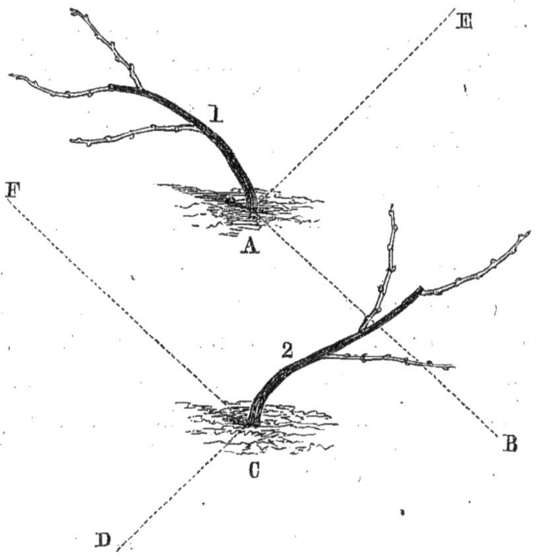

Fig. 24. — Conduite de la vigne en chaintres, à Chissay.

On peut également faire suivre au cep n° 1 la direction A E et au cep n° 2 la direction C F; c'est, du reste, le procédé le plus simple, le plus rationnel et le plus employé.

M. Cazenave conseille de donner à la tige du cep, près du sol, la forme du cou de cygne. Il dit avoir pu constater ses grands avantages sur un vignoble des environs de Chissay, où il est appliqué en grand. Il assure que cette forme donne aux ceps la souplesse nécessaire aux déplacements fréquents. Nous ne partageons pas son opinion, les déplacements fréquents doivent, en les tordant, nuire singulièrement aux ceps à l'endroit où il forme le cou de cygne.

D'un autre côté, ceux qui, à Chissay, avaient adopté ce système, en ont reconnu tout l'inconvénient après l'hiver terrible de 1879; le cou de cygne, étant plus élevé de terre que le reste de la charpente du cep, a gelé complètement, et les vignes ont du être arrachées. Il est important que la vigne rampe sur le sol dès qu'elle en est sortie.

Une pratique que nos bons vignerons conseillent encore, dont nous avons dit un mot à la 3e taille et qui tend à se généraliser, consiste à faire suivre au plant, pendant les premières années, la ligne même des rangs de vigne, en ayant soin de l'abattre en sens contraire suivant les rangs, c'est-à-dire pour le premier, en montant, et pour le second, en descendant; ou si la chaintre est à deux bras, l'un sera abaissé en bas et l'autre en haut de manière à former une ligne droite. Quand plus tard le cep sera constitué et étalé sur le champ, ce sera toujours à gauche de la charrue fonctionnant qu'il faudra le détourner. Le simple laboureur comprendra souvent bien mieux qu'un vigneron l'économie de cette manœuvre. M. Duclaud écrivait après une visite faite au pays des chaintres en 1877 :

« Ces deux bras sont dirigés dans le sens du rang lui-même, l'un en avant, l'autre en arrière, avec une légère obliquité, et l'on a soin de les disposer de telle sorte que, si la charrue vient à les frôler, elle ne prenne pas les bourgeons ou les sarments à rebrousse-poil, mais qu'au contraire, elle les couche le long de la branche même. »

Nos vignerons n'ont pas tardé à s'apercevoir que la formation des têtes de souches près du sol créait, avec le temps, une difficulté réelle pour le détournement complet des bras du cep, afin de laisser le passage libre à la charrue et de lui permettre de serrer de très près

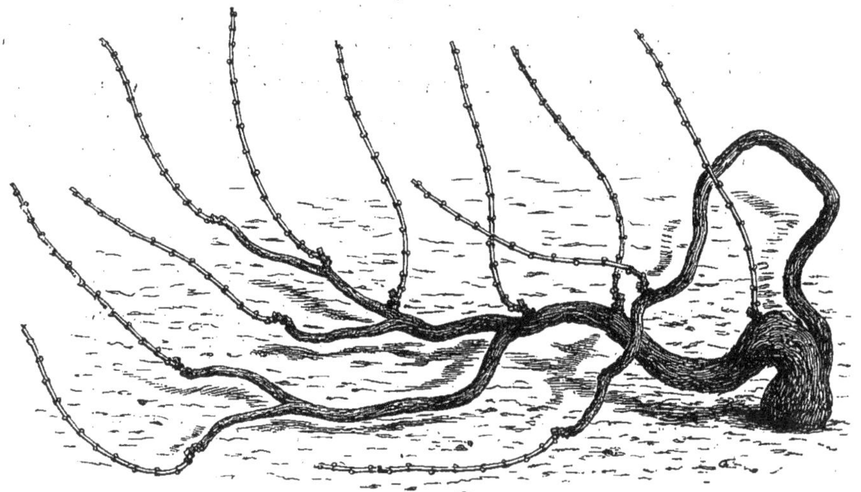

Fig. 25. — Cep de vigne en chaintres au cinquantième de la grandeur naturelle, après quinze ans de plantation.

les souches. En effet, les premières plantations en chaintres nous montrent des ceps comme le représentent les figures 3 et 25, peu flexibles par le développement qu'ils ont pris depuis vingt ou trente ans et dont les bras trop nombreux faisaient parcourir trop d'espace pour les rejeter sur la chaintre voisine et réclamaient pour cela le concours de plusieurs personnes. Voilà pourquoi on a imaginé de dresser la tête de souche sur une seule tige à un mètre environ du sol et de donner des directions nouvelles aux branches de la vigne. Lorsque nous disons *à un mètre du sol*, ceci s'entend à un mètre à partir du sol sur la tige; cette tige rampe sur le sol même. Ce n'est donc pas à un mètre d'élévation, comme beaucoup l'ont pensé et quelques-uns l'ont écrit, mais à un mètre environ sur tige que partira la première verge et non le premier bras, car il n'y a qu'un seul bras ou maîtresse branche. C'est donc une amélioration apportée au système primordial, puisque le travail se fait mieux et avec plus de célérité. Les Anglais disent que le temps c'est de l'argent; en culture, dit M. Guyot, c'est plus que de l'argent, c'est la vie.

Pour les chaintres à deux bras, si les ceps sont plantés à la rive du champ, comme le montre la figure 26, on ébourgeonne chaque bras comme dans les chaintres à un seul brin, puis on les abaisse de manière à ce qu'ils forment un U; par ce moyen les bras se rangent plus facilement dans la ligne que si on les disposait en forme de V comme on le faisait encore il y a peu de temps. Mais on préfère néanmoins ne laisser qu'un seul bras aux ceps de rive. Ainsi, dans la fig. 26 nous aurions à supprimer pour le rang de rive, à gauche, le bras inférieur et pour le rang de rive, à droite, le bras supérieur. Une remarque essentielle doit être faite ici : c'est que la première verge d'un bras quelconque doit toujours être placée à gauche, et non à droite de ce bras. Cette pratique se justifie par un double motif dont on pourra apprécier l'importance : d'abord, c'est qu'en détournant, pour le labour, ces membres allongés, on ne craindra pas, comme cela arrive quelquefois, de les diviser à la première bifurcation, et en second lieu, la charrue, en passant près des rangs de vigne, n'aura pas à éviter l'ébranchement.

Mais si le rang de ceps est entre les lignes de rive, on abat une branche à droite et une branche à gauche, après avoir ébourgeonné, selon l'usage, les tiges de ceps.

L'oblique double est dressée de différentes manières :

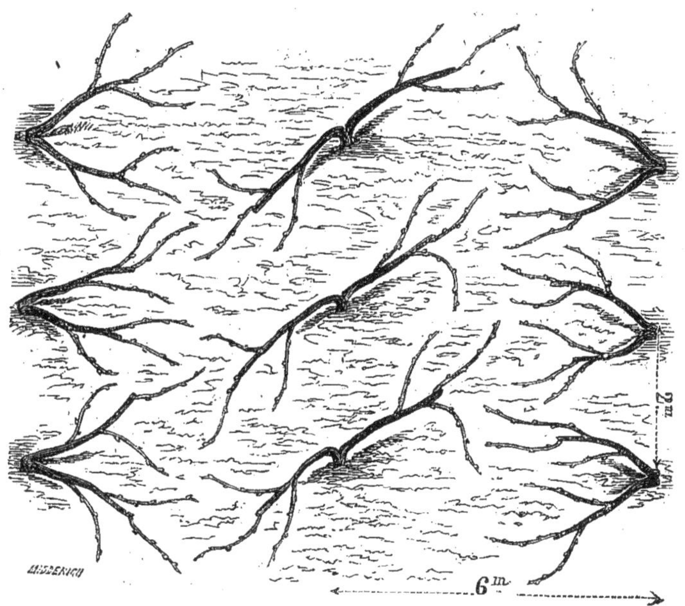

Fig. 26. — Trois rangs de chaintres conduits à deux bras.

soit que les deux bras de la chaintre forment une droite coupant obliquement la ligne de ceps, soit qu'ils dessinent un angle dont les côtés s'écartent plus ou moins de la souche, rien ne sera changé pour ce qui concerne les autres opérations que nécessite cette culture de la vigne. Nous mentionnons cette seconde manière de diriger les bras du cep sans l'approuver. L'oblique double ainsi pratiquée présente, en effet, une difficulté réelle pour le déplacement des membres au moment du labour, un danger pour les ceps lors du passage de la charrue et un surcroît de travail, sans compensation, pour la main-d'œuvre, puisque ceux qui l'adoptent n'ont rien moins que 2 000 ceps à l'hectare, à tailler, à pio-

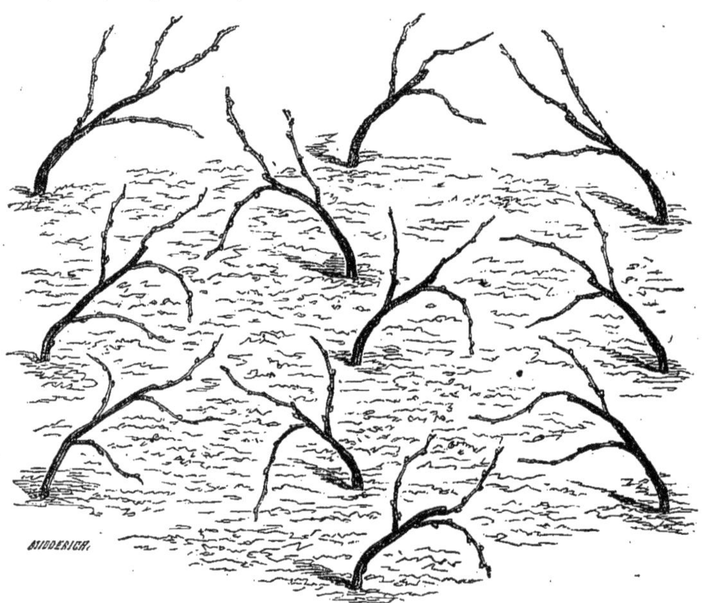

Fig. 27. — Trois rangs de chaintres conduits à un seul bras.

cher, et ne récoltent pas davantage, au contraire, ainsi que l'atteste M. Millot dans son rapport au Comité central du phylloxera (1881) : « Le rendement maximum est de 120 hectolitres à la Menaudière et de 190 à la Grange. »

La chaintre conduite à une seule branche est dirigée obliquement comme la chaintre à deux bras, mais les membres d'un cep s'étaleront à droite et ceux du cep voisin seront disposés à gauche de la rangée (fig. 27).

Nous ne conseillons pas cette conduite à une seule branche se dirigeant soit du même côté, à moins toutefois qu'on ne puisse pas faire autrement, comme dans les régions contrariées par la violence des vents, soit comme l'indique la figure 27. Voici pourquoi : lorsque les rangs de vigne sont espacés de cinq mètres, la chaintre est trop longue, ayant à couvrir, à cause de l'obliquité, une distance de 6 mètres; le sol autour de chaque cep est tout à fait dégarni; le travail à la main se fait plus difficilement; le cep dirigé à gauche est pris par la charrue à rebrousse-poil; le sillon creusé par la charrue au milieu de l'intervalle des lignes est un obstacle à l'enfoncement des fourchines, la terre n'étant point remuée en cet endroit, et il en faut absolument, pour soutenir, au milieu de sa longueur, un bras de vigne vigoureux; en outre, le sillon donnera au cep une mauvaise tournure et la pointe remontante sera soulevée par le vent avec plus de facilité.

Tous ces inconvénients n'existent pas avec la conduite à deux bras coupant obliquement la ligne de ceps. Pour les étrangers qui ne connaissent pas notre système, un cep à un seul membre leur offre plus d'attrait, plus de commodité pour la direction. C'est pour cela que certains vignerons de Chissay même acceptent volontiers ce mode qui ne les empêche pas de récolter autant qu'avec un autre système.

C'est donc aux chaintres à deux bras que nous donnons la préférence. M. Romuald Dejernon, si compétent en ce qui touche la culture des chaintres en Algérie, est complètement de cet avis : « Si l'une des chaintres est blessée ou disparaît, victime d'un accident, la production n'est pas interrompue; la récolte se continue jusqu'au moment où la chaintre disparue a été reformée. Enfin sur deux chaintres les forces se partagent mieux et sont plus productives; l'équilibre est plus parfait, et l'on ne voit pas la sève s'emporter en bois, comme cela a lieu quelquefois sur les ceps qui n'ont qu'une chaintre. »

Mais si l'un de ces bras venait à acquérir un développement plus considérable que l'autre, il faudrait, pour équilibrer la végétation dans les deux membres, opérer quelques rognages dans le premier et laisser plus de charge au second.

Tous ces différents modes de direction ne sont pour rien dans la production de la vigne; ils ont été mis à l'essai dans le but de simplifier la culture, de faciliter les manœuvres que réclame le passage de la charrue et de permettre à cet instrument d'arriver jusqu'aux pieds des ceps. Non seulement le système primitif qui donnait à la chaintre trois ou quatre bras, mais le système plus récent qui ne lui en accordait plus que deux présentant avec la ligne de ceps une ouverture de quatre-vingt-dix degrés, assurent une production aussi abondante qu'on peut l'attendre des perfectionnements les plus vantés de nos hommes de la vigne.

Quoique tous les vignobles de nos contrées plantés en chaintres donnent partout les mêmes résultats, le dernier mot n'a pas encore été dit sur ce nouveau procédé de culture : il est encore susceptible d'amélioration et nous sommes persuadé que les hommes intelligents qui l'ont adopté ne s'arrêteront pas dans la voie progressive où ils sont entrés.

CHAPITRE X.

RENDEMENT MOYEN GÉNÉRAL.

Chissay possède 900 hectares de vignes dans un site très accidenté et regardant toutes les expositions, c'est dire que ces étranges et fantastiques cultures, selon l'expression du docteur Guyot, que nous appelons cultures en chaintres, n'ont pu être pratiquées que sur le plateau situé au nord de notre bourg et coupé par la route de Romorantin à Amboise.

Le sol de cette commune est argilo-calcaire et la vigne y plonge ses racines dans un sous-sol compact et imperméable (1).

Les terrains qui donnent ces superbes récoltes, écrit un visiteur de nos vignes (2), sont d'apparence fort médiocre, et, du reste, une grande partie, couverte aujourd'hui de pampres et de raisins, était, il y a peu d'années, couverte de landes. Le sol est silico-argileux, plus ou moins mêlé de cailloux roulés. Les parties nommées dans le pays *Perruches*, ont un sous-sol argileux et tous sont fort humides l'hiver. Leur aspect n'a rien de séduisant, surtout après un hiver sans gelée comme celui de 1875-1876, et un printemps pluvieux comme celui de 1878.

(1) Les terres argilo-sableuses, dans lesquelles les cultures en chaintres sont établies, sont bonnes, il faut le dire; toutefois, elles ne constituent que des terres à blé de troisième qualité. Les chaintres réussiraient d'ailleurs toujours mieux dans les terres médiocres et mauvaises que les vignes à taille courte et restreinte, parce que la puissance de la tige donne toujours une force correspondante aux racines. Dr J. Guyot.

(2) M. A. Schmid, membre de la Société d'agriculture d'Indre-et-Loire.

Ce n'est donc pas le terrain qui porte les chaintres qui entre pour beaucoup dans cette fécondité merveilleuse; il est constaté que la production par cette culture extraordinaire a été portée à son plus haut degré et que c'est surtout la bonne méthode de culture qui a la plus grande part à ce succès étonnant.

Nos meilleurs vignerons et aussi les plus aisés récoltent généralement moitié plus de vin dans leurs vignes en chaintres que dans leurs vignes pleines. Nous sommes allé consulter bien souvent, aux approches de la vendange, quelques-uns d'entre eux et nous avons pu constater, en visitant leurs vignes, que rien n'était moins exagéré que leur enthousiasme en parlant de la culture nouvelle.

Nous avons vu la première vigne plantée en chaintres, il y a plus de cinquante ans, par l'inventeur du système. Cette vigne, dont les membres ont été refaits plusieurs fois, est encore très vigoureuse et très féconde : ce qui prouve que ce genre de culture n'épuise pas les ceps, malgré l'abondance de fruits qu'on leur fait donner. Mais le père Denis, qui possédait un grand nombre de parcelles de vignes et faisait presque tout par lui-même avec son gendre, ne pouvait les tenir avec tout le soin qu'elles réclamaient. Cependant cette vigne, d'une contenance de 30 ares, a rapporté, en 1874, 11 pièces de 250 litres (jauge du pays).

M. le comte de Baillon, maire de Chissay, a planté en chaintres, il y a quatorze ans, une terre de 2 hectares 83 ares. Les lignes sont à 6 mètres les unes des autres et les ceps à 2 mètres dans le rang. Tout l'intervalle compris entre les lignes est complètement couvert et les verges sont d'un bout à l'autre et jusqu'à la plus petite extrémité, garnies de raisins magnifiques en pleine maturité. Nous avons mesuré, sans choix, une de ces verges, et nous avons compté le nombre de grappes qu'elle portait sur une longueur d'un mètre quatre-vingts centimètres : nous en avons trouvé trente. La figure 28 représente approximativement un cep relevé dans cette vigne au moment de la maturité du raisin; nous disons approximativement, car il est difficile d'exprimer par le dessin le développement d'un cep, la splendeur de sa végétation et surtout de sa fructification. C'est assurément une des plus belles vignes en chaintres de la commune de Chissay. En 1874 elle a donné 100 pièces de vin; en 1875, 120 pièces; en 1876, 60 pièces, malgré une gelée terrible du printemps; en 1877, la récolte s'est élevée à 110 pièces. L'on ajoute que si cette terre eût été plantée en vigne pleine au lieu de l'être en chaintres, les frais de culture et d'entretien formeraient aujourd'hui une somme dix fois plus élevée que celle employée pour la culture de ces chaintres depuis l'époque de leur plantation.

La délégation du comité central du phylloxera pour le département de Saône-et-Loire est venue, en septembre 1881, visiter les vignes en chaintres au lieu même où elles prirent naissance.

Le rapporteur, M. Ch. Millot, s'exprime ainsi : « Mais les vignes les plus merveilleuses de toutes sont celles de M. Monpouet, situées sur le plateau de la *Grange*. M. Monpouet est un viticulteur de mérite; il a été médaillé à l'exposition universelle et au concours régional de Tours, et, certes, quand on a visité ses vignes, on reconnaît que cette distnction était bien méritée.

Fig. 28. — Cep de vigne en chaintres à deux bras, après dix années de plantation, garni de ses fruits et relevé par des fourchines.

« Plusieurs parcelles, formant une superficie totale de 2 hectares 17 ares de vignes en chaintres (obliques à deux bras), qui ont donné 175 hectolitres à l'hectare en 1875, et qui en donneront 190 cette année, tel est le vignoble qu'on nous fait parcourir et dans lequel nous nous arrêtons à chaque pas, épuisant toutes les formules de l'admiration en présence de ces souches robustes chargées de raisins magnifiques. Nous comptons quarante-huit de ces raisins énormes sur un seul rameau de $0^{m},78$ de longueur, et il y a seize sarments semblables sur la même souche!

« Voilà ce que l'idée du père Denis, mise en pratique par un vigneron intelligent, a produit. D'une pièce de terrain médiocrement fertile et vendue 1200 francs l'hectare lorsqu'elle a été détachée de la terre seigneuriale de Chenonceaux, dont elle faisait partie, M. Monpouet a fait un vignoble splendide valant aujourd'hui 10,000 francs l'hectare.

« Nous quittons à regret ce magnifique plateau de la Grange pour visiter encore d'autres parcelles de vignes en chaintres, également très belles, et notamment celles de M. Rousseau, maire de Chenonceaux, et de M. Auger, maire de Chisseaux; après la visite des vignes dont nous venons de parler, rien ne peut plus nous étonner, et les plus abondantes récoltes nous semblent médiocres.

« Nous avons essayé de vous raconter, sans rien exagérer, du reste, quels sont les admirables résultats que donne, à Chissay et dans les villages voisins, la culture en chaintres. Ce sont là des faits connus, et si bien connus que de tous les points de la France on vient visiter les vignes de Chissay, et que, le plus souvent, les visiteurs s'en retournent avec l'intention bien arrêtée d'essayer si le système de culture qui réussit si bien en Touraine ne serait pas également avantageux ailleurs. A vrai dire, nous ne voyons pas ce qui s'y opposerait.

« Au moment où les vignes vont être renouvelées sur une étendue malheureusement considérable, il est bon de signaler aux propriétaires le mode de culture adopté à Chissay et les résultats qu'il y donne. »

Têtu-Coursault possède au centre des vignes de Chissay un arpent de chaintres planté suivant les distances les plus communes, c'est-à-dire 6 mètres entre les lignes et 2 mètres en lignes. Il a récolté, en 1877, 30 pièces de vin dans cette vigne bien conduite et bien tenue. Mais ce que nous y avons le plus admiré, c'est un cep de folle blanche dont les bras, longs de 10^{m},66, portent 86 verges et couvrent 66 centiares de terrain. Ce cep vigoureux a donné à lui seul une demi-barrique de vin, soit 125 litres : on voit qu'il s'accommode merveilleusement de la générosité de la taille et d'une allure très énergique.

Le sieur Jousset, sur 66 ares ou un arpent de vigne planté en chaintres sur le territoire de la commune de Saint-Georges contiguë à la nôtre, a récolté, en 1873, 37 barriques de 250 litres. Il faut dire que cette vigne avait été largement fumée, que les terres de Saint-Georges sont préférables pour la culture de la vigne à celles de Chissay, et que le rendement moyen, à l'arpent, y est de 25 à 30 pièces pour les vignes en chaintres et de 12 à 15 pour les vignes ordinaires.

M. Lebariller, de Luzillé (Indre-et-Loire), propriétaire de la terre de Rassay, a planté près de 55 arpents de vignes en chaintres. On nous a dit que ces plantations offraient, en 1874, une récolte pendante magnifique et faisaient espérer 1000 barriques. Mais après information, nous savons que cet habile et zélé viticulteur a vu s'élever sa production à 970 barriques de 250 litres, dans un pays où les vignes installées comme on le fait d'ordinaire ne donnent que 12 barriques à l'hectare. Depuis lors, ce vignoble modèle s'est soutenu et a produit jusqu'à 1100 pièces de vin.

Nous avons vu beaucoup d'autres vignes chargées dans une plus ou moins grande proportion et bon nombre de propriétaires qui tous proclament hautement l'excellence de leur mode de culture; qu'il nous suffise d'avoir cité ces noms. Nous l'avons fait pour donner un aperçu de la récolte moyenne générale des vignes types et pour qu'on pût, au besoin, se renseigner au lieu même qui donna naissance à cette culture progressive.

Ainsi, d'après ce qui précède, le rendement des vignes, à l'hectare, peut s'établir ainsi qu'il suit :

Vignes en plein : 12 pièces.

Vignes en chaintres : 30 pièces.

La moyenne de production a monté depuis dix ans, par l'augmentation des efforts et les améliorations apportées à la culture de la vigne.

Nous croyons devoir signaler ici une des principales objections contre ceux qui préconisent le système des chaintres.

Le vin que l'on récolte dans ces vignes, a-t-on dit, est et doit être inférieur en qualité à celui que l'on récolte dans les autres vignes, parce qu'un cep qui rapporte trop ne peut donner de bons fruits et les raisins que portent les extrémités des bras de la chaintre ne sauraient mûrir aussi bien et avoir la même qualité que ceux qui sont plus rapprochés de la souche. C'est là une assertion erronée que l'expérience a démentie et que l'intérêt seul a lancée en avant.

Le regretté docteur Jules Guyot s'est chargé lui-même de la réponse. Il écrivait en 1860 :

« Depuis une vingtaine d'années, les arboriculteurs ont étendu leur belle science à la production du raisin et aucun d'eux ne serait embarrassé pour donner à un cep quelconque tout le fruit que comporteraient le développement et la vigueur de ce cep. Les arboriculteurs savent donc parfaitement qu'il est possible de concilier, dans une sage mesure, la quantité et la qualité du raisin; si le vigneron n'est pas à leur hauteur à cet égard, c'est que l'enseignement, les concours, et les encouragements publics lui ont manqué. »

Les vignerons de Chissay n'ont point marché suivant la routine : ils ont compris que la vigne devait croître en liberté et acquérir sa force et son étendue arborescente pour donner de bons fruits et ils offrent aujourd'hui aux pays vignobles un nouveau procédé de culture de la vigne qui sera appliqué dans bien des pays dès qu'il sera connu.

Le célèbre docteur dit ailleurs : « Certains cépages exigent impérieusement une taille longue, sous peine de ne pas donner de produits rémunérateurs; mais, chose facile à comprendre, la taille longue n'en diminue pas la qualité comme elle le fait sur les cépages qui produisent sur coursons; ainsi les médocs, les bourgueils, les champigny, les saint-émilion, viennent sur la taille longue du breton ou carbenet-sauvignon; les vins des côtes du Rhône sont produits par la taille longue de la serine et du vionnier, etc. D'un autre côté les inconvénients des tailles longues sont tout à fait évités par une sage suppression de surabondance et par les pincements des pampres habilement dirigés. Il y a donc une pratique intelligente à appliquer à chaque cépage, pour en obtenir, à peu près à coup sûr, la quantité et la qualité de récolte voulue pour la vente et pour le profit. »

« Tout cep et toute treille, dit-il encore, qui porte trop de fruits ne donne pas de bons vins, cela est vrai; mais tout cep et toute treille qui ne porte que la quantité de fruits proportionnée à leur force et à l'étendue de leur arborescence donnent d'aussi bons vins sur les hastes que sur les coursons. La preuve absolue de cette vérité est faite à Saint-Émilion, en Médoc, à Jurançon, aux Côtes-Rôties, etc. »

Le docteur dit avoir observé souvent la défaillance des longs bois de première année et leur insuffisance à mûrir leurs fruits; mais cette dépression causée par la disproportion des racines qui se forment par et pour la tige, disparaît complètement l'année suivante, alors que l'extension de la tige a créé des racines proportionnelles.

Ajoutons pour ce qui nous regarde que la preuve est également faite ici. Le vin de Chissay est toujours fort estimé et très recherché dans le commerce, et la cause principale de cette supériorité, c'est le rapprochement des raisins de la terre à l'époque de leur maturité.

Ce système de culture commence à être suivi en Algérie. S'il est, en effet, une contrée où les chaintres peuvent se développer le plus facilement et donner les meilleurs résultats, c'est bien celle dont jadis le triple épi était l'emblème. La force végétative de la vigne est, pour ainsi dire, extraordinaire dans ce pays du soleil :

un grand nombre de sarments de l'année atteignent jusqu'à trois et quatre mètres de longueur et, à quatre ans, au plus tard, la vigne plantée de boutures entre en plein rapport.

Notre colonie africaine peut donc, comme les vignobles des bords de la Méditerranée, produire des vins estimés et devenir une précieuse ressource pour la métropole qui voit, chaque année, une partie de ses vignobles malades végéter péniblement et disparaître.

L'avenir de cette nouvelle France est dans la culture de la vigne, et de la vigne en chaintres. Le gouvernement ferait bien de propager ce mode de culture qui donne la quantité, la qualité et le bon marché; quel moyen plus puissant de colonisation!

CHAPITRE XI.

FRAIS DE CULTURE.

Dans son rapport à M. le ministre de l'agriculture sur la viticulture du nord-ouest de la France, le docteur Jules Guyot exprime des regrets de n'avoir pu analyser les manœuvres, ni étudier les dépenses nécessitées par cette conduite de la vigne qui doit être facile et économique, puisqu'elle est suivie par les simples vignerons et imitée par les grands propriétaires. Or, voici, d'après les autorités de Chissay les plus compétentes en pareille matière, le détail des frais de culture, depuis la plantation jusqu'à la dixième année, suivant les systèmes ici en usage et appelés, l'un, culture de la vigne en chaintres, et l'autre, culture de la vigne en plein.

Faisons remarquer que par un usage qui tend à s'établir ici, la vente du vin nu, les frais de culture se trouvent sensiblement réduits. Le vin est vendu aussi cher, à peu de chose près, les marchands n'accordant aux fûts qu'une valeur insignifiante.

Frais de culture à l'hectare planté en chaintres.

Distance des lignes	6 mètres.
Distance des ceps	2 mètres.
Ceps à l'hectare	800

1re ANNÉE.

DÉPENSES.

	fr.	c.
Labour avant et après la plantation	75	»
800 chevelus de 2 ans à 5 fr. le cent	40	»
Plantation à 0 fr. 05 l'un	40	»
Hersage	5	»
Fumure, 300 kil. de guano	96	»
Ensemencement, 18 décalitres de blé	45	»
Marrage (3 façons)	30	»
Total	331	»

PRODUITS.

	fr.	c.
20 hectolitres de blé à 20 fr	400	»

2e ANNÉE.

DÉPENSES.

	fr.	c.
Labour	27	»
Taille	3	»
18 décalitres d'avoine pour semence	19,	80
Marrage (3 façons par an)	30	»
Total	79,	80

PRODUITS.

	fr.	c.
20 hectolitres d'avoine à 7 fr. 50	150	»

3e ANNÉE.

DÉPENSES.

	fr.	c.
Labour	27	»
Taille	5	»
84 décalitres de pommes de terres pour semence	42	»
Marrage	30	»
Total	104	»

PRODUITS.

	fr.	c.
70 hectolitres de pommes de terre à 3 fr. l'un	210	»

4e ANNÉE.

DÉPENSES.

	fr.	c.
Labour	27	»
Taille	15	»
Marrage	30	»
2 400 fourchines à 0 fr. 60 le cent	14,	40
Placement des fourchines	3	»
Frais de vendange pour 7 pièces à 6 fr. l'une	42	»
7 barriques à 10 fr.	70	»
Total	201,	40

PRODUITS.

	fr.	c.
7 pièces à 70 fr.	490	»

5e ANNÉE.

DÉPENSES.

	fr.	c.
Labour	27	»
Taille	25	»
Marrage	30	»
5 000 fourchines	30	»
Placement des fourchines	3	»
Journées de femmes pour déplacer et replacer les bras des chaintres	8	»
Frais de vendange pour 15 pièces à 6 fr. l'une	90	»
15 barriques à 10 fr.	150	»
Fumure, moitié de l'hectare	200	»
Total	563	»

PRODUITS.

	fr.	c.
15 pièces à 70 fr..	1 050	»

6e ANNÉE.

DÉPENSES.

	fr.	c.
Labour et taille.	57	»
Marrage.	30	»
Relevage ou placement des fourchines.	5	»
Journées de femmes pour déplacer et replacer les bras des chaintres	8	»
1 000 fourchines	6	»
Frais de vendange pour 20 pièces	120	»
20 barriques	200	»
Fumure, le reste de l'hectare.	200	»
Total..	626	»

PRODUITS.

	fr.	c.
20 pièces à 70 fr.	1 400	»

7e ANNÉE.

DÉPENSES.

	fr.	c.
Labour, taille et marrage.	87	»
Relevage	5	»
Déplacement et replacement des bras des chaintres, pour les labours..	10	»
1 000 fourchines.	6	»
Frais de vendange pour 25 pièces	150	»
25 barriques à 10 fr..	250	»
Total.	508	»

PRODUITS.

	fr.	c.
25 pièces à 70 fr.	1 750	»

8e ANNÉE.

DÉPENSES.

	fr.	c.
Labour, taille et marrage	92	»
Relevage	8	»
Déplacement et replacement des bras des chaintres, pour les labours	10	»
2 000 fourchines	12	»
Frais de vendange pour 30 pièces.	180	»
30 barriques à 10 fr	300	»
Total	602	»

PRODUITS.

	fr.	c.
30 pièces à 70 fr.	2 100	»

9e ANNÉE.

DÉPENSES.

	fr.	c.
Labour, taille et marrage	97	»
Relevage	10	»
Déplacement et replacement des bras de la chaintre.	10	»
5 000 fourchines	30	»
Frais de vendange pour 30 pièces	180	»
barriques	300	»
Total	627	»

PRODUITS.

	fr.	c.
30 pièces à 70 fr.	2 100	»

10e ANNÉE.

DÉPENSES.

	fr.	c.
Labour, taille et marrage	97	»
Relevage	10	»
Déplacement et replacement des bras de la chaintre.	10	»
3 000 fourchines	18	»
Frais de vendange pour 30 pièces	180	»
30 barriques à 10 fr	300	»
Total	615	»

PRODUITS.

	fr.	c.
30 pièces à 70 fr	2 100	»

	fr.	c.
Dépenses pour 10 ans	4 927,	20
Recettes	11 750	»
Bénéfices sur 10 ans	6 822,	80

Frais de culture à l'hectare planté en plein.

Distance des ceps	1m,33.
Distance des lignes	1m,33.
Ceps à l'hectare	5 600.

1re ANNÉE.

DÉPENSES.

	fr.	c.
Plantation	245	»
5 600 chevelus	350	»
Fumure	80	»
Façons	125	»
Total	800	»

2e ANNÉE.

DÉPENSES.

	fr.	c.
Façons	125	»

3e ANNÉE.

DÉPENSES.

	fr.	c.
Façons	125	»

4e ANNÉE.

DÉPENSES.

	fr.	c.
Façons	125	»
5 600 fourchines	33,	60
Relevage et épamprage	12	»
Frais de vendange	18	»
3 barriques à 10 fr.	30	»
Total	218,	60

PRODUITS.

	fr.	c.
3 pièces à 70 fr.	210	»

5e ANNÉE.

DÉPENSES.

	fr.	c.
Façons	125	»
7 000 fourchines	42	»
Relevage	12	»
Fumure	1 000	»
Frais de vendange	48	»
8 barriques	80	»
Total	1307	»

PRODUITS.

	fr.	c.
8 pièces à 70 fr.	560	»

6e ANNÉE.

DÉPENSES.

	fr.	c.
Façons	125	»
Relevage	8	»
Frais de vendange	60	»
10 barriques	100	»
Total	293	»

PRODUITS.

	fr.	c.
10 pièces à 70 fr	700	»

7e ANNÉE.

DÉPENSES.

	fr.	c.
Façons	125	»
1 500 fourchines	9	»
Relevage	9	»
Frais de vendange	60	»
10 barriques	100	»
Total	303	»

PRODUITS.

	fr.	c.
10 pièces à 70 fr	700	»

8e ANNÉE.

DÉPENSES.

	fr.	c.
Façons	125	»
600 fourchines	3,	60
Relevage	10	»
Frais de vendange	72	»
12 barriques	120	»
Total	330,	60

PRODUITS.

	fr.	c.
12 pièces à 70 fr	840	»

9e ANNÉE.

DÉPENSES.

	fr.	c.
Façons	125	»
2 000 fourchines	12	»
Relevage	12	»
Frais de vendange	90	»
15 barriques	150	»
Total	389	»

PRODUITS.

	fr.	c.
15 pièces à 70 fr.	1 050	»

10e ANNÉE.

DÉPENSES.

	fr.	c.
Façons	125	»
1 000 fourchines	6	»
Relevage	12	»
Frais de vendange	90	»
15 barriques	150	»
Total	383	»

PRODUITS.

	fr.	c.
15 pièces à 70 fr.	1 050	»

	fr.	c.
Total des dépenses pour 10 ans	4 274	»
Recettes	5 110	»

En résumé, les vignes en chaintres donnent lieu à des frais qui, en dix ans, s'élèvent à 4927 fr. 20 lorsque les vignes en plein coûtent 4 274 francs. Mais les premières procurent un bénéfice de 6822 fr. 80 et les secondes 836 francs seulement.

Le tableau comparatif suivant fera ressortir la différence existant, année commune, entre les deux systèmes de culture.

FRAIS DE CULTURE A L'HECTARE PLANTÉ EN CHAINTRES.

	fr.	c.
2 labours, marrage et taille.	90	»
2 relevages et épamprement.	20	»
Journées de femmes pour détourner et replacer les bras des chaintres avant et après la charrue. .	8	»
Entretien et renouvellement des fourchines. . . .	12	»
Frais de vendange pour 30 pièces à 6 fr. l'une. . .	180	»
30 barriques à 10 fr.	300	»
Fumure, 400 fr. tous les 6 ans, le $^1/_6$.	66,	66
Dépenses.	676,	66
Recettes.	2 100	»
Produit net.	1 423,	34

FRAIS DE CULTURE A L'HECTARE PLANTÉ EN PLEIN.

	fr.	c.
Taille et marrage.	125	»
2 relevages et épamprement.	20	»
Entretien et renouvellement des fourchines. . . .	12	»
Frais de vendange pour 15 pièces.	90	»
15 barriques à 10 fr.	150	»
Ajouter en sus pour la fumure de la vigne qui a lieu tous les six ans et coûte 1 080 fr., le $^1/_6$. .	180	»
Dépenses.	577	»
Recettes.	1 050	»
Produit net.	473	»

La différence, on le voit, est peu sensible entre les frais de culture de ces deux modes d'exploitation de la vigne; mais le produit de la culture nouvelle, car c'est toujours la fin qu'il faut considérer, l'emporte sur l'ancienne de 950 francs de bénéfice. Nous devons cependant faire remarquer qu'en réalité les frais de culture en chaintres sont bien moins élevés qu'on nous le représente ici. Car tous les propriétaires de vignes, grands et petits, ont chacun en leur possession au moins un cheval pour les travaux que nécessite la culture de leurs terres. Or, dans le cas qui nous occupe, il est évident que la besogne faite par le cheval ne doit point être estimée comme une dépense à la charge du propriétaire qui emploie pour ses travaux viticoles le même matériel que pour ses travaux des champs. Un principe, du reste, admis ici et qui a pour nous la rigueur d'un axiome est celui-ci :

Si tu veux des vignes, aie des chevaux.

Ainsi quoique, d'après les chiffres que nous exposons, les frais de culture dans les deux systèmes semblent être, à peu de chose près, les mêmes, il n'en est pas moins vrai que, dans la pratique, la différence est extrêmement sensible, car le propriétaire labourera ou fera labourer ses chaintres à peu de frais, et la main-d'œuvre, qui augmente considérablement les frais de culture, en sera extrêmement réduite. De plus, et c'est là le but de tous ses efforts, il sait qu'il obtiendra un rendement rémunérateur, tout en donnant à sa vigne une vitalité et une fécondité exceptionnelles.

La culture de la vigne en plein exige en effet des frais de main-d'œuvre qui tendent continuellement à s'élever, tandis que par la culture nouvelle ils sont notablement réduits et la récolte beaucoup plus abondante : l'hésitation dans le choix de la méthode ne peut plus être permise.

CHAPITRE XII.

LES CHAINTRES ET LE PHYLLOXÉRA.

En présence du fléau qui porte ses ravages sur une grande partie des vignobles de France, plusieurs motifs que nous croyons indiscutables doivent engager les viticulteurs des pays dévastés à refaire leurs vignobles en utilisant notre système de plantations à grand espacement.

« Il est prouvé par expérience, dit M. Pellicot, le savant président du comice agricole de l'arrondissement de Toulon, que tout ce qui accroît la vigueur de la vigne accroît aussi la résistance dans la lutte terrible qu'elle soutient contre le phylloxéra; d'autre part, si pour la défendre on a recours aux insecticides, il sera plus facile et bien plus économique de n'avoir à médicamenter que 800 pieds de vigne par hectare, au lieu de 6000 à 10000.

« Le propriétaire vigilant d'une vigne largement espacée, en la surveillant avec attention et opérant dans la belle saison quelques recherches contre les ceps qui montrent le moins de vigueur, peut toujours s'assurer de la présence ou de l'absence de l'insecte, et, par suite, l'attaquer dès le début de son envahissement; on n'aurait alors qu'à traiter le pied de la vigne dans une périphérie restreinte.

« Enfin les vignes américaines exigent, pour maintenir leurs qualités normales et leur force de production, un grand espacement, soit qu'on les laisse produire directement, ou qu'on les emploie comme porte-greffes, et les cultures à plants rapprochés peuvent amoindrir un jour leur force de résistance; comme dans leur pays natal, il leur faut la liberté, l'espace.

« Il est donc nécessaire d'adopter la plantation espacée, et quelle méthode emploierez-vous pour arriver à la plus grande production possible avec un petit nombre de ceps? Pourquoi gaspiller les années en essais, en tâtonnements, lorsque d'autres viticulteurs ont, depuis quarante ans, essayé, créé, perfectionné la culture à grand espacement. »

M. Pellicot a encore écrit : « Mes chaintres sont plantées au milieu de vignes phylloxérées presque détruites, et elles ne paraissent pas se ressentir de la présence de l'insecte. »

Nous sommes convaincu que ce mode de culture peut beaucoup plus longtemps que la culture habituelle résister aux atteintes du phylloxéra.

On sait que le phylloxéra abandonne les racines où il ne trouve plus une alimentation suffisante. On sait aussi l'immense rusticité de la vigne, son énergique défense contre tout ce qui la blesse, contre tout ce qui est un obstacle à son développement. — Eh bien, avec la culture en chaintres, alors que l'insecte dévastateur quittera des radicelles flétries par sa morsure, la vigne jettera ses forces sur ces parties abandonnées, et leur donnera une vitalité qui défiera des années d'attaque. (R. Dejernon, *Notes sur la vigne en chaintres.*)

Nous avons sous les yeux, à propos des garanties que la culture en chaintres pourrait offrir contre les attaques du phylloxéra, une série de notes que nous croyons intéressant de reproduire ici :

« Si le phylloxéra envahit la Touraine, écrit M. Louis Hervé, il sera curieux de noter la résistance que lui opposeront les vignes cultivées en chaintres. C'est, en effet, dans le canton de Montrichard, entre Blois et Tours, que cet ingénieux mode de culture a pris faveur depuis quarante ans. Chaque cep couvre une étendue de dix mètres carrés, et le développement de ses racines a la même étendue dans le sol. Il est très présumable qu'une végétation aussi étendue et aussi vigoureuse résisterait au moins aussi bien au phylloxéra que les cépages américains les plus renommés sous ce rapport. Dans le Midi, quelques viticulteurs essayent d'opposer au phylloxéra un système de culture en hautains, qui, comme le système des chaintres, a pour résultats de donner au cep une grande vigueur et une grande étendue de racines. J'ai toujours pensé que là était le meilleur antidote à opposer au fléau. La vigne taillée court, en effet, est une culture contre nature. Cette mutilation incessante de l'arbuste, qui a une propension si énergique à s'épanouir indéfiniment, affaiblit considérablement sa vigueur. Dès lors on ne doit pas s'étonner de le voir succomber aux piqûres d'un insecte. J'espère qu'une culture quelconque qui laissera un peu plus d'essor à ce précieux arbuste, fortifiera assez sa constitution pour rendre ses piqûres inoffensives, ou du moins pour ne pas les rendre mortelles.

« C'est ce qu'ont pensé, du reste, plusieurs viticulteurs du Midi. Un propriétaire du Vaucluse vient de publier une brochure où il constate le succès de ses vignes cultivées en hautains.

« Cet essai, à mon avis, est de beaucoup préférable au système qui consiste à remplacer nos cépages français par des cépages américains qui ne les valent pas. Avec un peu de réflexion, on se convaincrait que si les cépages américains sont robustes, c'est parce qu'ils ne sont pas soumis au régime exténuant de la taille courte et des mutilations généralement usitées dans la viticulture française. »

M. Félicien Viel, maire à Puygiron (Drôme), nous écrivait en 1877 :

« Il faut vous dire que chez nous le phylloxéra a si bien opéré qu'il ne nous reste à peu près plus rien de notre ancien vignoble qui occupait la moitié du terrain cultivé. Seules, nos treilles ont résisté. Est-ce parce qu'elles sont plus élevées que nos vignes ordinaires? Est-ce parce que, plantées isolément ou du moins à de plus grandes distances les unes des autres, les racines ont pris plus de développement, partant plus de robusticité? Je n'en sais rien, mais le fait est certain.

« Dès lors nous ne pouvons guère plus avoir d'espoir que dans la culture des vignes en treillage. Mais c'est dispendieux et pas facile à cause des grands vents qui soufflent souvent dans nos régions. Aussi votre système pourrait bien résoudre le problème. »

Un habile viticulteur des Basses-Pyrénées, M. l'abbé Frandin, félicite M. Denis d'avoir introduit le mode de culture en chaintres et à longs bois. C'est un véritable progrès. « Le phylloxéra qui nous menace, ajoute-t-il, forcera le propriétaire à adopter ce mode de culture. Il n'y a que les vignes bien enracinées qui résisteront au fléau, et pour que les vignes s'enracinent, il faut les tailler à longs bois et les tenir à distance les unes des autres. »

M. E. Rouyer, ingénieur des arts et manufactures à Saintes, nous donne le témoignage suivant :

« Je suis pleinement d'accord avec vous sur l'intérêt que présente une modification de la culture des vignes dans le sens dit *vignes en chaintres* au point de vue de la lutte contre le phylloxéra. »

M. Correnson, conseiller honoraire à la cour d'appel de Nîmes, écrivait le 2 janvier 1877 : « Le phylloxéra n'a pas encore paru chez vous, mais si la fatalité jette sur vos vignes cette masse innombrable, inouïe, invisible de vampires microscopiques, vous aurez bientôt reconnu que les vignes plantées à une distance assez grande pour que toutes leurs racines ne soient pas entrelacées, résisteront mieux aux atteintes qui auront bientôt détruit vos vignes en plein. Dans le département du Gard, au canton de Roquemaure, commune de Tavel, où mon vignoble d'une quarantaine d'hectares a été en entier détruit par le fléau, nous avons remarqué que les plants de vignes qui se trouvaient à la limite des champs, étaient souvent les seuls qui résistaient et échappaient à la destruction ; partout ailleurs, ces terribles faucheurs de la mort portaient régulièrement leurs effets. Nous avons aussi remarqué, dans la commune de Pujaut, notre voisine infortunée et la première atteinte, je crois en 1862, au quartier de l'Étang, où presque toutes les parcelles sont terminées par une rangée de vignes pour en fixer les limites, nous avons remarqué que là aussi le fléau s'est manifesté, mais la plupart de ces vignes résistent et sont encore les seules qui donnent le peu de vin que Pujaut récolte.

« Comment expliquer ces faits, que l'observation recueille, autrement que par cette considération que ces plants de vigne ont poussé des racines qui sont en dehors des points de contact des racines attaquées et infestées? La conclusion à tirer de ces faits devrait logiquement tendre à nous faire admettre dans le rétablissement de nos vignobles un mode de culture tel que les racines des divers plants eussent le moins de points de contact possible, tout en désirant obtenir d'eux le plus grand produit utile. Le mode de la culture *en chaintres* me paraît satisfaire le plus à ces besoins. »

M. Victor Rendu, dans son *Ampélographie française*, démontre que plus la vigne prend de l'expansion qui la rapproche de son arborescence naturelle, plus elle est fertile en fruits, vigoureuse en bois; et plus elle vit longtemps, moins elle a besoin des engrais et des soins de l'homme. « La vigne, dit-il, dans l'état de nature, quand l'art ne l'a ni mutilée, ni pliée à ses caprices, est douée d'une vigueur et d'une durée extraordinaires; elle résiste mieux à l'influence des saisons et aux maladies. Lorsque les ceps rabougris, contournés et déformés par des tailles sans nombre, sont réduits à l'état de squelette végétal et ne laissent passer qu'à grand'peine la sève dans leurs canaux obstrués, oblitérés; le temps de la décrépitude est alors venu pour la vigne, l'heure de sa mort a sonné. »

Enfin le *Moniteur vinicole* du 26 décembre 1877 publiait sur ce sujet un très intéressant article dont nous extrayons ce qui suit :

« Quelle est l'influence de cette méthode de culture, en tant que moyen de défense de la vigne contre le phylloxéra? C'est le dernier point de vue et non le moins important qui nous reste à étudier.

« La vigne était faite pour couvrir de sa magnifique chevelure tout un massif de rochers, presque une colline entière. Il existe peu d'individus dans le règne végétal, doués de plus de vigueur et de plus de rusticité, ayant besoin de plus larges espaces, pour y étendre des bras puissants, des rameaux innombrables et féconds.

Et qu'en a fait la civilisation? Le superbe géant est devenu un nain difforme et rabougri; une telle mutilation ne se concevrait certainement pas, si elle ne se fût produite petit à petit, comme inaperçue.

« Faut-il s'étonner après cela que la vigne manque de force et de rusticité, qu'elle ait des maladies consécutives de son épuisement, qu'elle ne puisse plus résister aux attaques de ses ennemis? Assurément non, une seule chose, au contraire, doit nous surprendre et exciter notre admiration : c'est que la vigne ne soit pas encore morte de nos massacres.

« Il n'est guère douteux (d'ailleurs la résistance bien plus grande des treilles de quelque étendue est un fait établi qui le prouve) il n'est guère douteux, croyons-nous, que, si l'on ramenait la vigne aux conditions naturelles et premières de son existence, elle retrouverait bien vite la force et la rusticité nécessaires pour triompher des attaques de tous ses ennemis et, principalement, de ses affections parasitaires. Ce retour de la vigne à l'état de nature n'est pas possible dans les conditions agricoles et économiques actuelles : il serait inutile d'y songer seulement. Mais ce qui est possible, ce qui doit être tenté, c'est de rapprocher au moins l'arbuste malade des conditions les meilleures pour lui rendre vigueur et santé. Plusieurs viticulteurs intelligents l'ont recommandé avec raison, depuis quelques années, s'appuyant sur le principe que nous avons ainsi formulé dans la première partie de cet article.

« La vigueur, la longévité et la fécondité de la vigne augmentent en raison directe du développement de son arborescence.

« N'est-ce pas dire en même temps que la conduite

de la vigne en chaintres, qui accroît dans de très grandes proportions son arborescence, ne peut pas ne pas accroître de même sa force de résistance au phylloxéra?

« Essayez de planter et de cultiver la vigne en chaintres au cœur des pays phylloxérés. Donnez-lui le plus d'espace possible, sauf à doubler le nombre des souches quand le fléau aura disparu.

« Essayez, pauvres viticulteurs dont les vignobles touchent à ceux qui sont attaqués ou même dont les vignes ont la maladie au premier degré; essayez de leur ôter 5 souches sur 6, ou 9 sur 10, et d'exciter leur arborescence par ce moyen et par de bons engrais. »

Que cette méthode soit donc suivie dans les nouvelles plantations de vignes et avant peu nous verrons pour la France, si éprouvée aujourd'hui dans ses vignobles par les ravages du phylloxéra, s'ouvrir une nouvelle ère de prospérité.

Espérons aussi que la science réussira à nous débarrasser de ce nouvel ennemi de la vigne qui menace d'anéantir une des principales richesses de notre pays. Quoi qu'il en soit, dans ce nouveau système de culture, le nombre des ceps étant assez restreint, les procédés pour combattre l'invasion phylloxérique seraient plus facilement appliqués.

La vigne en chaintres peut certainement mieux que toute autre être défendue et conservée par l'emploi des insecticides.

Il existe à Limay (Seine-et-Oise) une mine de matières pyrito-sulfureuses appartenant à M. Simon, et qui, appliquées à la vigne même phylloxérée, produisent des pousses de deux à trois mètres. Nous avons eu l'occasion de voir nous-même des sarments de cette longueur coupés dans une vigne du Midi atteinte par le phylloxéra et traitée par le produit de la mine de Limay. Si la vigne ainsi sustentée peut donner des pousses vigoureuses et de beaux raisins, sa conservation, dit M. Millot, devient une simple question d'argent.

CONCLUSION.

Augmenter le produit de la vigne tout en diminuant sa dépense, n'est-ce pas là le but que se proposent tous les viticulteurs intelligents?

Nous savons que le prix des bras employés dans le vignoble est devenu exorbitant, et c'est ce qui a amené la recherche de moyens de simplification et a fait inventer la plantation en chaintres. Partout où elle peut fonctionner, la charrue est aujourd'hui substituée au pic à deux dents; l'échalassement toujours onéreux est proscrit chez nous et l'expérience nous a démontré jusqu'à quel point pouvait s'élever la production de nos vignes dirigées d'après la méthode que nous préconisons.

On se plaint de ce que l'augmentation du travail et de la production agricoles exige plus de main-d'œuvre qu'autrefois et que les bras ont diminué; le moyen d'y remédier est le problème du moment. Pour nous, le problème est résolu : notre système a apporté directement remède à cet état de choses. Aussi nous n'avons point à craindre l'émigration; nos vignerons sont attachés au sol natal et gagnent plus ici que l'ouvrier des villes, sans quitter le toit paternel.

Qu'il nous suffise donc de résumer les raisons qui militent en faveur de notre système de culture de la vigne;

1° Cette culture exigeant infiniment moins de main-d'œuvre que l'ancienne, favorise l'extension de la viticulture;

2° La dépense des échalas, des fils de fer, des palissages est évitée;

3° Ce qui complète l'économie de cette culture, c'est qu'elle évite souvent, à d'assez grandes distances, le transport à dos de la vendange, du fumier ou des terreaux, les voitures pouvant arriver partout;

4° Le développement donné à la chaintre diminue le danger de la coulure et la fait échapper en grande partie aux funestes influences des gelées printanières;

5° L'oïdium attaque peu les sarments près de terre; les côts dirigés en chaintres n'ont jamais été atteints ici par cette maladie;

6° La production est doublée, et, en l'attendant, le vigneron est dédommagé quelque peu par les cultures intercalaires;

7° Ajoutons qu'elle a reçu la sanction de l'expérience et l'approbation des noms les plus autorisés et les plus considérables en viticulture;

8° Enfin elle offre de sérieux moyens de défense contre le phylloxéra.

C'est donc aux cultivateurs intelligents à choisir entre les pratiques routinières si contraires à leur véritables intérêts et la méthode rationnelle dont l'adoption donnera une plus-value considérable au fruit de leurs pénibles travaux.

TABLE DES MATIÈRES.

www.ingramcontent.com/pod-product-compliance
Ingram Content Group UK Ltd.
Pitfield, Milton Keynes, MK11 3LW, UK
UKHW021234230726
13926UKWH00003B/1427